剪映

零基础轻松掌握
手机 剪辑短视频

▶ 王凯 编著

人民邮电出版社

北京

图书在版编目（ＣＩＰ）数据

剪映 : 零基础轻松掌握手机剪辑短视频 / 王凯编著
. -- 北京 : 人民邮电出版社，2024.1
ISBN 978-7-115-62834-3

Ⅰ. ①剪… Ⅱ. ①王… Ⅲ. ①视频编辑软件 Ⅳ.
①TP317.53

中国国家版本馆CIP数据核字(2023)第193866号

内 容 提 要

剪映是一款功能强大、易于使用的短视频剪辑应用程序。本书将介绍剪映 App（手机版）的基本操作和实用功能，帮助读者轻松上手并创作出令人印象深刻的短视频作品。

本书内容涵盖了软件安装及其简介，剪映的快捷功能，视频处理的基本流程，画中画、画面裁剪、动画与特效，关键帧动画和画面定格，声音的处理，文字编辑，滤镜、抠像和混合模式，文字闪光扫描效果，制作两种不同的回忆效果，利用音乐卡点制作"炫酷"的短片，利用蒙版制作特效，画面的线性转场制作，制作画面渐变的效果，立体感相册的制作，等等。

无论是短视频剪辑初学者，还是有一定后期经验的剪辑师，都可以本书中获得详细而易于理解的指导，为短视频增添创意和个性，进而在剪映 App（手机版）上轻松实现自己的短视频创作目标。开始使用剪映，创作属于自己的精彩短视频吧！

◆ 编　著　王　凯
　　责任编辑　胡　岩
　　责任印制　陈　犇
◆ 人民邮电出版社出版发行　　北京市丰台区成寿寺路 11 号
　　邮编　100164　电子邮件　315@ptpress.com.cn
　　网址　https://www.ptpress.com.cn
　　北京天宇星印刷厂印刷
◆ 开本：700×1000　1/16
　　印张：10.5　　　　　　　　　2024 年 1 月第 1 版
　　字数：237 千字　　　　　　　2025 年 1 月北京第 3 次印刷

定价：69.00 元

读者服务热线：(010)81055296　印装质量热线：(010)81055316
反盗版热线：(010)81055315
广告经营许可证：京东市监广登字 20170147 号

前言

P R E F A C E

无论你是想将美好的视频分享到社交平台，还是想将视频剪辑后自己珍藏，本书都将在创作之路上助你一臂之力，带领你踏上一段关于视频剪辑的"奇妙之旅"。

在"数字化时代"，我们平时会拍摄一些视频，但这些视频往往都是一些零散的片段，在手机相册里面无法将它们组合起来。在这个时候，借助剪映这个软件，我们能够以无限创意的方式对这些片段进行处理，从而将它们剪辑成一个个生动的视频。

你是否曾经赞叹一些视频中的各种炫酷特效？它们似乎总是能够恰如其分地被应用到视频中，起到锦上添花的作用。别担心，本书将帮助你掌握如何给视频添加各种特效，以及特效的使用技巧和方法。

本书将给你提供宝贵的知识和实用的指导，以帮助你将普通的视频转化为真正引人注目的"艺术品"，展现出你想要表达的情感和主题。

借助剪映这个强大的工具，你将能够充分释放自己的创造力并超越自己的想象。无论是图像调整、声音处理、字幕处理还是打造各种特效，本书都将为你介绍详细的步骤和实用的技巧。

最后，我要感谢你选择本书，希望本书能够帮助你在"视频剪辑之旅"中取得巨大的进步，并享受创作的乐趣。

让我们一起踏上视频剪辑之旅吧！

目录

C O N T E N T S

第 1 章

软件安装
及其简介

剪映是抖音官方推出的一款手机端视频剪辑应用，具有全面且丰富的剪辑功能。它支持多种动画效果和多样的滤镜。另外，为了方便大家剪辑，剪映提供了丰富的媒体素材资源供大家剪辑视频时使用。

为了在短视频剪辑方面对大家有所帮助，本书基于剪映手机版 App，全部操作都在手机上完成。本书适合初学者使用，不需要读者有专业的知识储备和专门的硬件设备。

本书将为大家介绍基本的剪辑技巧，提供部分剪辑的思路，希望可以抛砖引玉，激发大家的创作灵感。

1.1 软件的下载和安装

打开手机自带的应用市场或者第三方应用商店，如图 1-1 所示。

图1-1

手机软件的下载安装方法大同小异，本书以小米应用商店为例介绍如何下载和安装剪映 App。首先打开小米应用商店，然后点击文本框，输入"剪映"。点击右侧的"安装"按钮，如图 1-2 所示。

等待软件安装完成，手机桌面上会出现剪映 App 的图标。

图1-2

1.2▶ 软件界面介绍

1.2.1 个人信息保护指引和用户体验计划

点击手机桌面上的剪映 App 图标。第一次打开 App 时会出现个人信息保护指引的提示，如图 1-3 所示。此时需要点击"同意"按钮才可以继续使用 App。

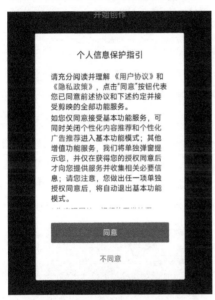

图1-3

如果点击"不同意"，则 App 会出现"温馨提示"，如图 1-4 所示。

图1-4

稍后 App 会询问是否同意加入用户体验计划，点击"同意"即可。如果不想加入这个计划，可以点击"暂不加入"，如图 1-5 所示。

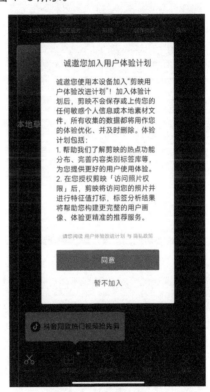

图1-5

1.2.2 登录抖音账号

如果想使用更丰富的功能，比如使用剪映提供的云服务，使用在抖音收藏的素材或音乐，就需要进行抖音账号的登录。首先点击右下角"我的"图标，如图 1-6 所示。

图1-6

图1-8

1.2.3　基本界面介绍

剪映 App 主界面基本可以分为 5 个功能区，如图 1-9 所示。本节只对各功能区进行简要介绍，后续涉及相关功能时会做详细介绍。

在弹出的界面中勾选"已阅读并同意剪映用户协议和剪映隐私政策"，然后点击"抖音登录"按钮，如图 1-7 所示。

图1-7

如果我们的手机中已经安装了抖音并且登录了抖音账号，可以直接登录成功。如果我们的手机中没有安装抖音，则可以直接在弹出的界面中输入手机号，使用验证码进行登录，如图 1-8 所示。

图1-9

1. 顶部 Banner 区

如图 1-10 所示，顶部 Banner 区包括 3 个部分。

图1-10

这 3 个部分分别是剪映活动招募区、剪映教程图标、设置图标。

（1）剪映活动招募区

剪映活动招募区用于展示剪映近期的热门投稿招募活动等，参与活动可以获得现金奖励或者其他奖励，如图 1-11 所示。

图1-11

（2）剪映教程图标

点击此图标可以查看官方教程界面，其中提供了剪映各个功能的入门操作和基本的技巧等，类似于软件的帮助文档，如图 1-12 所示。

图1-12

（3）设置图标

点击设置图标后，可对剪映的部分功能进行设置。设置界面中常用到的功能是清理缓存，如图 1-13 所示。

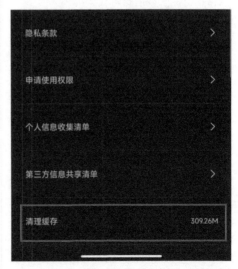

图1-13

2. 快捷功能区

快捷功能区提供了使用剪映时常用的快捷功能，如图 1-14 所示。本节先对各功能进行简单的介绍，后文会详细地进行各个功能的讲解。

图1-15

图1-14

（1）**一键成片**：系统会根据你选择的几段素材自动生成一段视频，生成后你可以根据系统模板自动完成视频的制作。

（2）**图文成片**：系统会根据你输入的一段文字自动生成一段视频。

（3）**拍摄**：录制视频，类似于手机自带相机的一种拍摄方式。

（4）**创作脚本**：系统会提供一系列创作脚本模板，你可以根据模板的提示来拍摄视频。

你可以点击右上角的"展开"图标展开更多的快捷功能，如图 1-15 所示。

（5）**录屏**：对手机的屏幕进行录制。一般用于制作教程类的视频。

（6）**提词器**：预先录入视频旁白或解说需要的文字。一般用于提示。

（7）**美颜**：对素材的人脸进行美颜。

（8）**超清画质**：VIP 专属功能，可以用于制作超清画质的视频。

3. 热门模板区

热门模板区主要展示近期在抖音上比较热门的短视频的制作模板，我们可以在热门模板区中选择对应的模板对素材进行剪辑。向左滑动此区，可以进入模板分类界面，查看更多热门模板，如图 1-16 所示。

图1-16

4. 草稿区

草稿区用于显示我们在剪辑视频时使

用的草稿文件，包含各种模板、图文、脚本等。我们可以在此区域管理之前的草稿，或者继续之前未完成的剪辑工作。点击图 1-17 所示界面右上角的"管理"按钮。

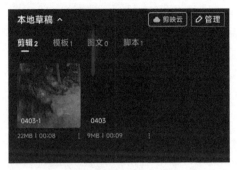

图1-17

　　然后点击素材上的小圆圈选中素材，就可以对素材进行下一步的处理。

　　上传：将草稿上传至剪映云保存。剪映云初始空间为 500MB，如果需要更大的空间，需要付费。

　　剪映快传：将本设备的素材发送到其他已登录该账号的设备。需要注意以下两点。

　　（1）两台设备需要在同一个局域网中。

　　（2）两台设备需要登录同一个抖音账号。

　　删除：删除本地的草稿。可以选择"上传剪映云后删除"或者"直接删除"，如图 1-18 所示。

图1-18

5. 底部功能区

　　底部功能区展示了剪映 App 常用的功能图标，除了默认的剪辑界面外，还有 4 个常用功能，分别如下。

　　（1）剪同款：类似于热门模板区中的试试看界面，可以根据提供的模板来剪辑视频素材。

　　（2）创作课堂：提供一些剪映的高级操作技巧。

　　（3）消息：用于查看剪映的各种系统消息。

　　（4）我的：用于管理和编辑个人资料。

　　至此，剪映 App 的界面已经简单介绍完了。在后续的章节中我们将结合素材详细介绍剪映 App 的剪辑及相关操作。

第2章

剪映的
快捷功能

在大致了解剪映 App 的基础功能后，我们来尝试进行简单的视频处理——直接运用剪映提供的模板来制作视频。剪映提供了一些快捷功能来帮助我们处理视频，下面就详细介绍下剪映提供的这些功能。

2.1 ▶ 一键成片

一键成片可以说是"懒人神器"，我们可以直接把想要制作成视频的素材选中，利用一键成片功能生成最终的视频。下面简要介绍如何操作。

首先点击主界面的"一键成片"图标，如图 2-1 所示。

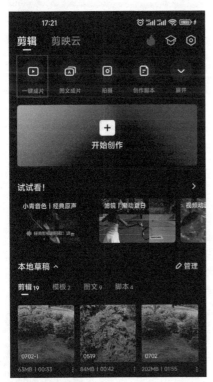

图2-1

然后在弹出的视频界面中选择素材。点击素材右上角的小圆圈，就可以选中用于生成视频的素材。因为牵涉素材之间的画面过渡以及视频的效果，最好选择 3 段或者更多的素材，这样生成的视频才可以具有更好的效果。

素材是按照我们选择的顺序来排列的，小圆圈内的数字表示素材拼接的顺序。我们可以根据需要来依次选择要拼接的素材，如图 2-2 所示。

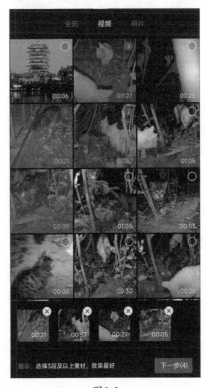

图2-2

如果取消勾选中间的素材，后面素材的序号会自动向前调整。确定了素材和它们的顺序之后，点击界面右下角的"下一步"按钮。

此时剪映开始进行素材的处理，经过一段时间后，视频就处理好了。这个时候就可以直接将处理好的视频导出。如果我们对 App 自动选择的模板不满意，可以在视频下方根据自己的喜好选择对应的模板，如图 2-3 所示。

图2-3

选中模板后，模板会被红框框住，并且红框中会出现"点击编辑"字样。点击红框后出现的界面如图 2-4 所示。

图2-4

此时可以长按素材然后拖动，以调整视频素材的顺序。或者点击红框内的"点击编辑"，调整选中的素材内容，如图 2-5 所示。

图2-5

此时，可以对视频进行替换、裁剪，调整音量和进行美颜以及更复杂的操作。调整完成后就可以导出视频。

点击界面右上角的"导出"按钮，可以进行导出设置，如图 2-6 所示。

图2-6

此时点击"1080p"按钮，可以设置视频的分辨率，如图 2-7 所示。

可以拖动上方图形滑块选择视频的分辨率，界面下方会显示文件大小。分辨率越高，视频越清晰，相应的文件大小就越大。选择完成后点击"完成"按钮即可。

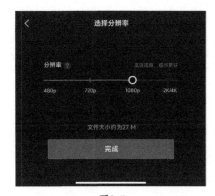

图2-7

设置完分辨率后，可以直接点击左侧的保存图标将视频保存到手机上，或者点击"无水印保存并分享"按钮，将视频发布到自己的抖音账号，如图 2-8 所示。

图2-8

2.2▶ 图文成片

当我们想做视频却只有文案，找不到合适的素材时，可以使用剪映的图文成片功能。

点击快捷功能区的"图文成片"按钮，如图 2-9 所示。

图2-9

接下来在弹出的界面中输入文案，如图 2-10 所示。可以手动输入也可以直接粘贴之前复制好的文字。

如果我们在今日头条 App 内发现了比较好的文章，可以在今日头条 App 内复制文章的链接。在剪映的图文成片文字编辑界面点击文本框下方的"粘贴链接"，如图 2-11 所示。

图2-10

图2-11

在弹出的对话框中粘贴在今日头条App内复制的链接，然后点击"获取文字内容"按钮，如图2-12所示。

图2-12

此时剪映App会自动获取链接中的文字内容。

接下来以朱自清的文章《春》中的一段文字来演示图文成片功能的应用。输入文字后，点击下方的"生成视频"按钮，如图2-13所示。

图2-13

等待一段时间后，剪映App就为我们生成了一段带文字解说的视频，如图2-14所示。

图2-14

此时点击界面右上角的"导出"按钮，就可以将生成的视频导出。生成的图文草稿会保存在剪映 App 的本地草稿中，方便我们日后进行进一步剪辑。系统自动生成的视频一般质量不会很高，如果我们想剪辑出更高质量的视频，需要自己准备合适的素材。

2.3▸ 拍摄

拍摄功能类似于手机自带相机的功能，不过剪映提供的拍摄功能更加丰富和强大。

点击快捷功能区的"拍摄"图标，即可进入拍摄模式，如图 2-15 所示。

图2-15

进入拍摄模式后的主界面如图 2-16 所示。

图2-16

快捷工具图标排布在屏幕右上方和下方，下面逐一介绍。首先介绍右上方的 4 个图标，如图 2-17 所示。

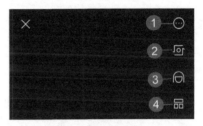

图2-17

1. 拍摄选项

如果需要延时拍摄或者改变拍摄视频的参数，可以点击拍摄选项图标，会出现图 2-18 所示的界面。

图2-18

点击第 1 个图标，可以在倒计时 3s 后拍摄、倒计时 7s 后拍摄和取消倒计时 3 个选项中切换。如果选择了倒计时，倒计时会在我们点击拍摄图标后启动，待倒计时结束后拍摄开始。

点击第 2 个图标，可以设置拍摄视频的宽高比。我们可以根据实际需要来选择。

系统提供了 9:16、16:9、1:1、3:4、4:3、2.35:1 这 6 个选项。

点击第 3 个图标，可以选择在拍摄视频时强制开启或者关闭闪光灯。

点击第 4 个图标，可以更改拍摄视频的分辨率，目前支持切换 1080p 和 720p。根据用户使用设备不同，剪映提供不同的选项。

2. 摄像头切换

点击摄像头切换图标，可以切换使用手机的前置摄像头和后置摄像头。

3. 美颜功能

剪映的拍摄模式还提供美颜功能。点击美颜功能图标，界面下方会出现类似图 2-19 所示的磨皮、瘦脸、大眼、瘦鼻等选项，用户可以根据自己的需要进行调节，调节完成后点击右下角的"√"图标即可应用。

图2-19

4. 拍摄模板

剪映 App 还提供拍摄模板，供我们在拍摄视频时参考。点击拍摄模板图标会出现类似图 2-20 所示的界面。

其中提供了非常多的热门拍摄模板。选好模板后，点击界面下方的"拍同款"按钮，就可以根据模板进行拍摄。这时模板视频会缩小并在右上角播放，如图 2-21 所示，这可以说是剪映 App 非常贴心的一个功能。

图2-20

图2-21

需要注意的是，我们需要拍摄和模板视频时长相同的视频才可以进行保存和下一步的操作。拍摄期间我们可以暂停，当拍摄时长足够时，剪映 App 会自动保存拍摄的素材。我们可以点击界面左下方的"道具"图标来添加各种道具。点击"道具"图标后，界面下方会出现类似图 2-22 所示的内容。

图2-22

这些道具被分成了热门、节日、头饰、玩法 4 个类别，基本上都是针对面部的特效。拍摄人物相关的素材时可以考虑使用道具。

另外屏幕下方还提供"效果"和"灵感"两个功能图标，如图 2-23 所示。

图2-23

5. 灵感

灵感和前文介绍的拍摄模板功能类似，不过比拍摄模板简单一些。点击"灵感"图标后，界面下方会出现类似图 2-24 所示的内容。

剪映 App 也贴心地对灵感素材做了美

食、日常碎片、海边、情侣等分类。我们选中素材后，它会在屏幕左上角播放，如图 2-25 所示。

图2-24

图2-25

我们此时可以边看素材边进行拍摄。如果觉得素材播放窗口比较小，还可以点击素材播放窗口右下角的箭头图标使窗口变大。还可以点击素材播放窗口左侧的扬声器图标来决定是否播放素材的声音。

6. 效果

"效果"图标在"灵感"图标的左侧，我们点击此图标后，界面下方会出现各种选项，如图 2-26 所示。

图2-26

前面的拍摄模板和灵感提供的是示例素材，以指导我们拍摄。效果则是让我们根据需要对拍摄视频的画面进行处理。这样可以更好地实现拍摄的效果或者突出我们要拍摄的对象。我们可以在热门、美食、复古、日常、黑白等分类中选择自己想要的效果并运用到要拍摄的视频中。

拍摄功能一般用于即兴创作，适合拍摄简单的短视频。后期如何进一步处理拍摄的视频，我们会在后面的章节中进行详细的介绍。

2.4 ▶ 创作脚本

我们拍摄视频都是有感而发或者有拍摄主题的。如果拍摄时长较长的视频，为了实现更好的效果，我们需要对整个视频的拍摄进行构思，这样才能拍出效果突出、节奏感比较好的视频。

如果我们不是专业的视频创作者，那么构思是比较困难的事情。剪映 App 提供创作脚本功能，这样我们只需要确定拍摄的主题，就可以在其中查看有没有可参考的脚本。如果找到了符合的脚本，就可以大大减少我们的工作量，届时只需要跟着脚本的提示来拍摄即可。

首先，点击剪映 App 界面上方的"创作脚本"图标，如图 2-27 所示。

图2-27

点击"创作脚本"图标后，会出现类似图 2-28 所示的界面。

图2-28

剪映 App 提供了丰富的脚本，并将其分成了旅行、vlog、美食、纪念日、萌娃、好物分享、探店、萌宠、家居汽车 9 个类别。我们以"环球影城亲子游攻略"为例，介绍如何使用脚本。首先点击该脚本，进入脚本的详细界面，如图 2-29 所示。

图2-29

图2-30

图2-31

界面上方是脚本的示例视频，视频下方说明该脚本的适用场景是游乐场馆、亲子出游。整个脚本分为 10 个片段，共 38 个分镜，每个分镜对应一个拍摄素材。如果我们严格按照脚本来拍摄，就需要拍摄 38 个素材。点击界面下方的"去使用这个脚本"按钮后，就可以套用这个脚本进行拍摄了，出现的界面如图 2-30 所示。

点击分镜栏中的"+"图标就可以拍摄视频或者从相册中选择对应的视频素材，如图 2-31 所示。

当我们忘记了如何运镜时，可以点击分镜栏的"原视频"按钮来观看示例视频，学习运镜方法。我们按照这个脚本来拍摄素材和添加台词，全部完成后，可以点击图 2-30 右上角所示的"导入剪辑"按钮来进行下一步的编辑和调整。

我们还可以根据自己的需要来手动创建属于自己的脚本并分享给其他人，让其他人也能感受到视频拍摄和剪辑的乐趣。

2.5 录屏

有时候我们需要将手机屏幕上的内容分享给其他人，可以使用剪映 App 提供的录屏功能来实现。

剪映 App 默认界面是隐藏"录屏"图标的，如图 2-32 所示。

图2-32

这时我们可以点击右侧的"展开"图标来显示更多功能。点击"展开"图标后的界面，如图 2-33 所示。

图2-33

然后我们就可以看到"录屏"图标了。点击"录屏"图标，会出现类似图 2-34 所示的界面。

录屏之前我们需要先对参数进行设置，以便更好地剪辑。录屏界面默认不录制声音和画外音。如果我们需要录制声音或者画外音，需要点击界面上方的"开启"按钮来打开录制声音的功能。

图2-34

我们可以点击"1080p"按钮来设置录屏的视频分辨率。点击该按钮后的界面，如图 2-35 所示。

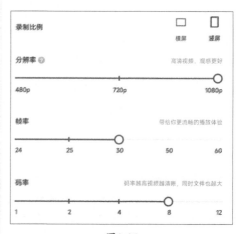

图2-35

我们可以在这个界面中设置录制比例、分辨率、帧率和码率 4 个选项。

（1）录制比例：可以选择横屏或者竖屏。游戏类或者影视类的录屏，通常选择横屏；软件操作类的录屏，我们一般选择竖屏。简而言之，通常根据录制对象是横屏或者竖屏来选择录制的视频是横屏或者竖屏。

（2）分辨率：我们可以在 480p、720p 和 1080p 中 选 择，默 认 选 择 是 1080p。分辨率越高，视频的清晰度越高，相应的文件大小越大。

（3）帧率：帧率是以帧为单位的图像连续出现在显示器上的频率，简单来说就是每秒录制或者播放的图像张数。例如，帧率为 24 的意思就是 1s 的素材由 24 张图像组成。剪映 App 提供了 24、25、30、50、60 这几个选项。帧率越高，视频播放起来越流畅，但是相应的文件大小越大。

（4）码率：码率就是单位时间内视频的数据量。码率越高，单位时间内视频的数据量越大，承载的视频内容越丰富，视频越清晰，视频的文件大小越大。

如果我们没有特殊的需要，只需要调整视频的录制比例，其余直接按照剪映的默认设置即可。

另外，界面右上角还有"如何录屏"字样，点击它就可以查看官方的视频介绍。界面中"我的录屏"下方展示的是之前的录屏记录，我们可以在此处管理录屏文件。

设置完参数之后就可以开始录屏了。这时候点击界面中央的"开始录屏"图标，会弹出图 2-36 所示的提示。我们点击"立即开始"按钮进行录制。

剪映 App 需要开启悬浮窗才能录屏，如果此前我们没有开启剪映 App 的悬浮窗权限，剪映 App 会弹出图 2-37 所示

的提示。

图2-36

图2-37

这时我们需要点击"确认"按钮，前往设置界面进行设置。需要打开"允许显示在其他应用的上层"开关按钮，如图 2-38 所示。

图2-38

设置完成后就可以进行屏幕的录制了。点击"开始录屏"图标，并确认提示后，剪映 App 开始倒计时 3s。倒计时结束后即可开始屏幕的录制，此时屏幕显示的所有内容都会被记录下来。在录屏过程中，我们可以操作屏幕右侧的悬浮窗来控制屏幕的录制，如图 2-39 所示。

图2-39

左侧图标显示的是已录屏的时间，点击该图标后可以停止录屏并保存已录制的视频。再次点击会进行下一段屏幕的录制。点击中间的剪刀图标后，可以返回剪

映 App，录制剪映 App 的相关操作。点击最右侧的图标后，悬浮窗会关闭。关闭悬浮窗后剪映 App 仍然在录制屏幕内容，这时需要手动切换到剪映 App 内进行下一步操作。

录屏结束后，录制的视频会显示在"我的录屏"下方。后续我们可以对视频进行剪辑操作。

2.6▶ 提词器

如果视频需要附带解说，一般情况下我们会提前准备解说词并背诵下来，待录制视频的时候同步讲解。这会增加录制视频的准备时间且出现录制时容易忘记解说词的问题。剪映 App 提供提词器功能，我们可以提前将解说词编辑好，在录制视频时看着屏幕的解说词进行讲解，大大方便我们的创作过程。

点击界面上方的"提词器"图标，如图 2-40 所示。

图2-40

点击该图标后会弹出图 2-41 所示的界面。

图2-41

点击"新建台词"图标后可以输入我们预先准备好的解说词。然后点击"去拍摄"按钮，就可以进入视频拍摄界面。这

时解说词就在屏幕的上方显示。我们还可以根据自己的需要来设置解说词的显示参数，点击设置图标，如图 2-42 所示。

图2-42

点击设置图标后，会出现类似图 2-43 所示的界面。

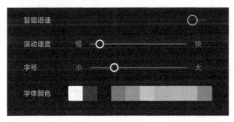

图2-43

我们可以设置解说词的滚动速度、字号和字体颜色。可以手动调整解说词的滚动速度，也可以通过直接打开上方的"智能语速"开关调整，剪映 App 会根据我们朗读的速度自动调整解说词的滚动速度。

如果我们的解说词条数已经积攒了很多，需要删除不需要的解说词，只需要按住解说词列表上要删除的解说词，然后向左滑动手指，出现图 2-44 所示的界面。

图2-44

点击"删除"按钮即可删除不需要的解说词。

剪映 App 的快捷功能区还提供诸如美颜、超清画质、AI 创作、一起拍等功能。部分功能我们会在后文进行详细的讲解，在此就不进一步介绍了。

第 3 章

视频处理的
基本流程

在了解了剪映 App 的界面和快捷功能后，我们来学习视频处理的基本流程。

3.1 ▸ 导入素材

如果我们之前已经拍摄了很多素材，现在需要进行下一步的剪辑，可以点击"开始创作"图标来进行素材的添加，如图 3-1 所示。

图3-1

点击"开始创作"图标后会出现类似图 3-2 所示的界面。

图3-2

点击屏幕上方的标签可以选择素材来源，素材来源分别是照片视频、剪映云、素材库。

照片视频对应本机上存储的文件，可以按照视频和照片进行筛选。

剪映云对应我们上传到剪映云的文件。

素材库对应剪映 App 提供的一些素材。我们在一些短视频中经常见到的过场动画在素材库里面就可以找到。

3.1.1 素材选择和排序

我们可以点击素材右上角的小圆圈进行素材的选择。被选中素材的小圆圈内会显示一个数字，这个数字是我们点击素材的顺序，也是进入剪辑界面后素材在剪辑轨道内的顺序，如图 3-3 所示。

取消素材的选择： 如果我们想取消选择某个素材，只需要再次点击对应素材右上角的小圆圈即可，此时后面的素材顺序会依次前移。当然我们也可以点击界面下方素材右上角的"×"图标来取消选择。

调整素材的顺序： 我们可以按住并拖动界面下方视频列表里面的素材，拖动到需要的位置再松手，调整素材的顺序。此时，视频列表里面对应素材右上角小圆圈内的数字会同步变更。

图3-3

3.1.2 分屏排版

当我们选择的素材数量等于或者大于两个的时候，屏幕下方会出现"分屏排版"按钮。我们可以点击这个按钮来对素材进行分屏排版，如图 3-4 所示。

图3-4

点击"分屏排版"按钮后，会出现类似图 3-5 所示的界面。

图3-5

我们可以在剪映预置的布局中进行选择。屏幕中央是实时预览窗口，此时可以按住并拖动对应的素材来调整它们的位置。剪映 App 最多支持 9 个素材的分屏排版。当我们选择超过 9 个视频时，分屏排版就无法使用了。

分屏排版的视频时长是按照所选素材中时长最长的素材来决定的。如果使用分屏排版,最好选择时长一样或差不多的素材进行剪辑。如果我们选择的视频较多,剪辑过程中会消耗大量的手机资源,这时候可能会出现手机卡顿的现象。

选择完素材并初步确定顺序后,点击图 3-4 中右下角的"添加"按钮,素材会添加到剪映 App 的剪辑界面供我们进行下一步的剪辑操作。

3.2▸ 预览素材

剪辑界面如图 3-6 所示。

图3-6

界面中间是预览窗口,可以点击窗口下方的播放图标进行预览播放,也可以点击播放图标最右侧的全屏图标来实现全屏预览。此时,视频会全屏播放,其他工具栏会全部隐藏,只保留播放工具栏。

在非全屏预览窗口下方的是素材轨道,如图 3-7 所示。此时我们刚添加完素材,只显示了一个轨道,后续我们可以添加音频轨道。

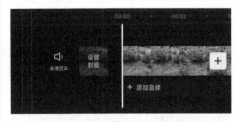

图3-7

这时可以左右拖动此轨道来实现视频的快速预览。如果视频的播放时间较长,此轨道的长度会比较长。我们可以使用双指缩放来调整轨道长度,也可以在这个地方调整素材的顺序,长按素材并左右拖动至需要的位置即可。

3.3▸ 素材的分割

如果需要将素材不需要的片段删除或者根据需求分成几部分来调整顺序，可以对素材进行分割。

首先拖动素材轨道，使时间轴竖线处在我们需要分割视频的位置，然后点击界面下方的"剪辑"图标，如图 3-8 所示。

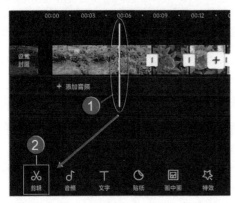

图3-8

在弹出的菜单中，点击"分割"图标，如图 3-9 所示。

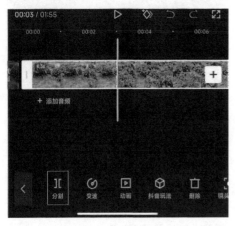

图3-9

此时素材会在时间轴竖线所在处分成两个部分，如图 3-10 所示。

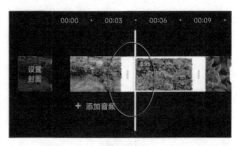

图3-10

如果我们不需要前段或者后段素材，可以选中不需要的素材，然后点击下方的"删除"图标，如图 3-11 所示。

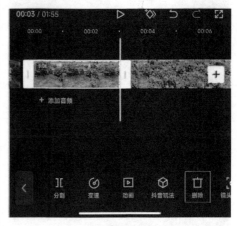

图3-11

如果我们要删除的片段位于素材的中间，此时需要对素材做两次分割处理，直到要删除的片段变成一段独立的素材，然后选中它进行删除。

3.4 ▶ 素材的变速

有时候我们需要对素材进行快进或者慢速处理，比如记录植物生长过程的素材，就需要对其进行快进处理，而记录比较激烈的体育比赛的素材或者记录转瞬即逝的烟花的素材，就需要对其进行慢速处理。剪映 App 提供的变速功能可以很好地解决这些问题。

选中需要变速的素材，然后点击界面下方的"变速"图标，如图 3-12 所示。

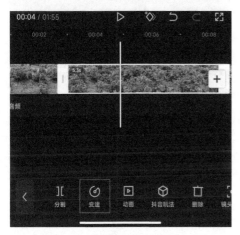

图3-12

此时出现两个变速的功能图标，"常规变速"和"曲线变速"，如图 3-13 所示。

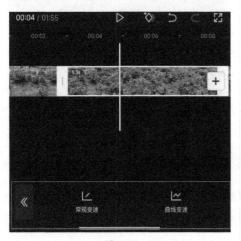

图3-13

3.4.1 常规变速

常规变速是指选中的素材按照设定的速度从头播放到尾，中间播放速度不会变化。

点击"常规变速"图标，会出现图 3-14 所示的界面。

图3-14

"常规变速"的速度范围为 0.1 倍速到 100 倍速，调整速度后，工具栏左上方会显示时间的变化。如果我们将速度调到 1 倍速以下，不做任何处理，此时素材画面会显得卡顿。这个时候剪映 App 的"智能补帧"选项将开启，如图 3-15 所示。

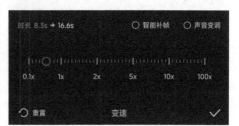

图3-15

选中"智能补帧"后，剪映 App 会自动计算合适的中间帧来补足缺失的画面，对变速的素材效果进行优化。受限于拍摄素材的帧率，一般建议不要将速度调整到 0.5 倍速以下，否则变速后的素材会变得卡顿。如果需要取消变速的效果，点击界面左下角的"重置"图标，然后点击右下角的"√"图标即可。

3.4.2 曲线变速

如果需要在素材内部实现不同的变速，可以使用剪映 App 提供的曲线变速。点击"曲线变速"图标，可以看到图 3-16 所示的界面。

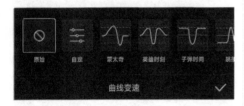

图3-16

剪映 App 预置了蒙太奇、英雄时刻、子弹时间、跳接、闪进、闪出这几个功能，我们可以直接应用，也可以应用预置的功能进行调整。我们可以点击"自定"图标进行自定义变速。点击"自定"图标后，出现的界面如图 3-17 所示。

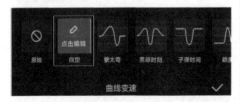

图3-17

此时图标背景变红，并出现"点击编辑"字样。再次点击这个图标，就会进入变速编辑界面，如图 3-18 所示。

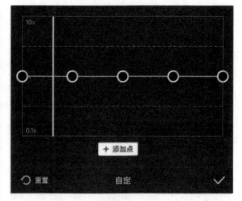

图3-18

界面中默认有 5 个控制点，可以控制速度从 0.1 倍速到 10 倍速。如果我们需要添加控制点，可以在需要添加控制点的位置，点击界面下方的"添加点"按钮。剪映 App 没有限定控制点的数量，我们可以根据自己的需求进行添加。如果我们不需要很多的控制点，可以将多余的控制点删除。移动时间轴竖线到需要删除的控制点位置，然后点击下方的"删除点"按钮，就可以删除多余的控制点，如图 3-19 所示。

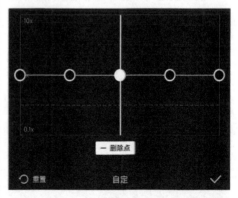

图3-19

同常规变速一样，曲线变速中如果出现速度小于 1 倍速的情况，我们也可以选中"智能补帧"功能来使素材更加流畅。

3.4.3 调整图片播放时间

在剪映 App 中，导入剪辑中的图片默认的播放时间是 3s。如果我们需要调整图片播放的时间，可以直接在素材轨道中选择图片，然后拖动图片右侧的边框来调整播放时间，如图 3-20 所示。

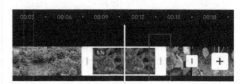

图3-20

3.5 ▸ 素材的转场效果

如果两个相邻素材的场景差异比较大或者内容完全不同，那么画面从第一个素材跳转到第二个素材时，会显得有些生硬。这时候我们可以考虑使用剪映 App 提供的转场功能在两个素材之间插入转场效果。

点击素材轨道中两个素材之间的方块图标，如图 3-21 所示。

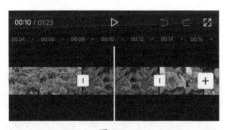

图3-21

此时会弹出转场效果选择界面，如图 3-22 所示。

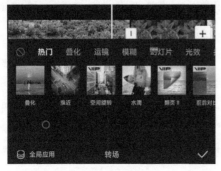

图3-22

常见的转场效果有叠化、运镜、模糊、幻灯片、光效等，可根据视频的具体内容进行选择，例如，叠化比较适合两个元素比较少、主体比较突出的画面，或者比较纯净的画面之间的切换；运镜适合镜头有拉伸的时候使用，最好两个视频的拉伸都是一致的。我们可以在使用时根据需要进行选择，当我们选择一个效果之后，可以调整该效果持续的时间，如图 3-23 所示。

图3-23

转场时间可以在 0.1s 到 2.5s 范围根据需要进行调整。此时可以点击播放图标或者缓慢拖动素材轨道上的素材来预览效果。如果只想在选中的素材之间使用这个转场效果，点击右下角的"√"图标即可。如果需要在每个素材之间都使用这个效果，点击左侧的"全局应用"图标即可。

当设置错误或者不需要转场效果时，可以点击转场效果界面左上角的取消图标来取消转场设置。但需要注意的是，取消转场效果的设置时，需要每个片段逐一取消，无法一次全部取消。

设置了转场效果的片段之间会有一个图标来标识，表示已经设置好了转场效果，

如图 3-24 所示。

图3-24

后续如果需要更改转场效果或者删除转场效果，可以点击这个图标进行修改或删除。

3.6 ▶ 素材的黑边处理

如果录制素材的分辨率过低或者宽高比不一致，对其进行剪辑时会存在黑边现象。

如图 3-25 所示，我们当时拍摄的是9:16 的素材，但是剪辑时选择的是 16:9的宽高比，这时候两侧出现了黑边现象。一般有 2 种处理黑边的办法，下面详细介绍。

第 1 种办法是缩放素材来填充整个画面。我们点击界面下方的"剪辑"图标，此时素材会被红框框住，如图 3-26 所示。

图3-26

我们可以双手缩放被框住的部分，使素材填充满预览区域，如图 3-27 所示。

这样做的缺点是如果原始素材不清晰，缩放后素材的清晰度会下降，影响成片的效果。

图3-25

图3-27

第 2 种办法是添加背景来替换黑边。向左拖动界面下方的工具栏，可以查看剪映 App 提供的更多的剪辑工具。然后点击"背景"图标，如图 3-28 所示。

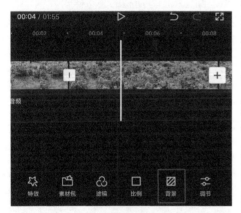

图3-28

此时会出现类似图 3-29 所示的界面。

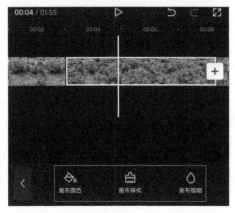

图3-29

剪映 App 提供了画布颜色、画布样式、画布模糊 3 个工具，下面我们逐一介绍。

3.6.1 画布颜色

点击"画布颜色"图标会出现图 3-30 所示的界面。

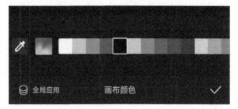

图3-30

我们可以通过以下 3 种方法来设置画布颜色。

（1）直接在右侧的色块中选择需要的颜色。

（2）点击彩色方块，会出现更加丰富的颜色选择界面，如图 3-31 所示。我们可以拖动界面下方的圆圈来选择颜色所在的区间，然后在界面上方的颜色选择框内选择需要的颜色。选择完成后点击右下角的"√"图标确认。

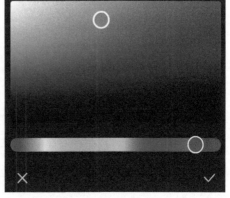

图3-31

（3）取色器选色，我们可以点击图 3-30 中最左侧的吸管图标，此时预览区域会出现一个取色用的圆环，如图 3-32 所示。

图3-33

点击界面下方的画布样式缩略图可以选择剪映预置的画布样式，也可以点击预置画布样式左侧的图片标志来选择本机存储的图片作为素材背景的画布样式。如果不需要设置画布样式，可以点击最左侧的取消图标来删除所有的画布样式。

3.6.3　画布模糊

如果没有合适的画布颜色和画布样式用作背景，我们可以直接用画布模糊的方式来设置素材的背景。点击"画布模糊"图标后，可以看到类似图 3-34 所示的界面。

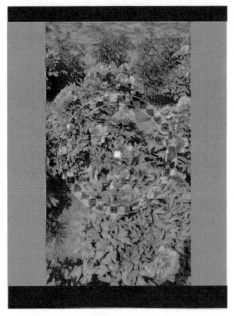

图3-32

移动圆环位置就可以在素材的画面里选择需要的颜色，画布颜色会根据圆环的移动实时变化，方便预览画布的效果。

如果有多个需要画布的片段，可以点击下方的"全局应用"图标将所选的画布应用到全部的素材中。

3.6.2　画布样式

在"画布颜色"中设置的只是纯色的填充背景，有时候我们需要图案更加丰富的填充背景。我们可以通过画布样式来选择更加丰富多彩的背景。点击"画布样式"图标，会出现类似图 3-33 所示的界面。

图3-34

画布模糊的程度由轻到重共 4 个级别可供我们选择。我们在抖音观看视频的时候经常可以看到应用画布模糊效果的视频。

3.7▸ 视频的导出

剪辑完成后就可以进行视频的导出，在视频导出之前，我们还需要做一些设置。

3.7.1　确定视频的宽高比

首先根据需求设置导出视频的宽高比。剪辑视频的宽高比默认根据导入的第一个素材的宽高比来确定。向左滑动界面下方的工具栏，然后点击界面下方工具栏中的"比例"图标，就可以改变视频的宽高比，如图 3-35 所示。

图3-35

点击"比例"后出现的界面如图 3-36 所示。

图3-36

下面介绍常见的比例选项。

（1）原始：导入素材的原始比例，剪映 App 将导入的第一个素材的比例确定为原始比例。

（2）9:16：短视频常用的比例，适合手机或平板电脑竖屏播放。常用的软件（如抖音、快手）上的大部分视频都使用这个比例。

（3）16:9：长视频常用的比例，适合手机或者平板电脑横屏播放。西瓜视频、爱奇艺，腾讯视频上的视频等常用

这个比例。

（4）1:1、4:3、3:4 这几个比例不常见，1:1 主要在小红书、豆瓣等 App 上使用。4:3 和 3:4 是 16:9 比例普及之前，电视节目常用的视频比例，现在多使用这个比例来生成具有怀旧感的视频。

（5）2.35:1 和 1.85:1 这两个比例是电影常用的宽高比，使用这个宽高比导出的视频可以给人一种影片化的感觉。

3.7.2　视频导出选项

点击屏幕右上方的"1080p"按钮，可以设置视频导出的参数，如图 3-37 所示。

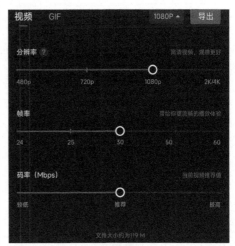

图3-37

我们可以对视频的分辨率、帧率以及码率进行调整。

从 480p、720p、1080p、2K/4K 这

4 个选项中选择分辨率。一般来说，导出视频的分辨率最好和导入视频的分辨率一致，这样会带来比较好的播放体验。如果强行选择比导入视频更高的分辨率，视频清晰度会有一定的提升，但是由于算法的局限性，提升可能不会很明显。

帧率共有 5 个选项。前面我们已经做了相关介绍，这里就不继续介绍。

码率共有 3 个选项。如果我们对生成文件大小的要求比较高，而对清晰度的要求不高，可以选择"较低"，这样生成的文件大小较小。如果我们对文件大小要求不高，但对清晰度要求较高，可以选择"较高"。如果没有什么特殊要求，选择"推荐"即可。

界面最下方给出了最终生成文件大小的参考数值，我们可以根据这个参考数值来调整上面的选项，以控制最终文件大小。

3.7.3 导出格式

除了导出视频外，剪映 App 还提供导出 GIF 的选项。点击 GIF 图标可以选择导出为 GIF 文件，如图 3-38 所示。

图3-38

导出 GIF 的选项默认是 240P。如果需要导出更高分辨率的 GIF 文件，需要开通剪映 App 的 VIP。

3.7.4 视频封面

1. 选择封面

如果视频要对外发布，可以考虑给视频设置一个精美的封面。视频封面就是在视频预览界面显示的一张图片。如果不设置封面，视频的第一帧画面就默认为视频封面。

点击素材轨道左侧的"设置封面"，如图 3-39 所示。

图3-39

出现设置封面的界面，如图 3-40 所示。

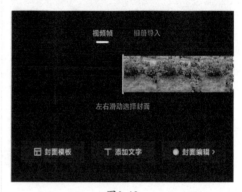

图3-40

一般情况下我们可以选择视频中的某一帧作为视频封面。左右滑动素材轨道就可以选择封面。

另外，我们可以从相册里面选择一张图片作为视频帧，只需要点击"相册导入"，然后在出现的界面中选择一张图片作为封面即可，如图 3-41 所示。

图3-41

2. 编辑封面

选好封面后，我们还可以对封面进行美化。我们可以选择直接套用封面模板来美化封面。点击界面下方的"封面模板"按钮，弹出的界面类似图 3-42 所示。

图3-42

封面模板已经做好了分类，我们找到需要的封面模板，点击后即可应用到封面上。除此之外，还可以点击"添加文字"按钮来为封面添加文字，如图 3-43 所示。

图3-43

输入文字后，可以设置文字的样式，后面我们会详细地进行介绍。美化完成后，点击屏幕右上角的"保存"按钮。就可以保存设置好的封面了。

完成所有设置后，点击右上角的"导出"按钮，就可以导出初步制作完成的视频了。

第4章

画中画、画面
裁剪、动画与
特效

画中画是剪映 App 中一种我们经常用到的视频功能。通过两个或多个画面叠加，实现同一窗口播放不同画面的效果，我们可以通过这个功能和画面裁剪功能制作很多特效。本章将简要介绍剪映 App 的画中画功能和画面裁剪、动画、特效等知识。

4.1 ▶ 画中画功能

一般素材都是单个镜头录制的画面。如果我们想在同一个画面中显示更加丰富的内容，可以把其他镜头拍摄的画面也插入当前画面。这就是剪映画中画功能的用处。

首先介绍如何利用画中画功能插入黑屏。

4.1.1 插入黑屏

有时候为了素材的过渡，需要显示一段黑屏。如果我们点击并拖动当前素材后面的素材，会发现只能调整素材顺序，剪映 App 不会在这两段素材之间插入空白素材或者黑屏。这时候我们可以利用画中画功能将素材中间的空白拉大，实现黑屏效果。点击要插入黑屏的素材后面的素材，然后点击"切画中画"图标，如图 4-1 所示。

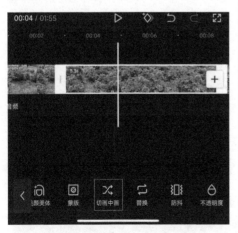

图4-1

此时素材会移到主素材轨道下方，单独形成一个素材轨道，如图 4-2 所示。

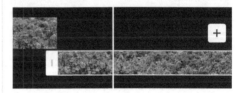

图4-2

长按下方素材轨道中的素材并向后拖动，此时两个素材中间会空出没有任何素材的部分，如图 4-3 所示。

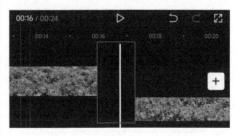

图4-3

由于这个部分没有任何素材，剪映 App 在处理这段空白时会在这个时间段内生成黑屏来保证素材的连续性，我们就得到了所需要的黑屏。我们可以拖动下方素材轨道中的素材来控制黑屏的时长。

上面讲的是如何利用画中画功能来实现黑屏的方法，还有一个办法就是直接插入纯黑背景的素材。可以在"素材库"的"热门"分类里面找到，点击要插入黑屏的素材，然后点击"+"按钮，在素材库里面找到纯黑背景素材，如图 4-4 所示。

图4-4

点击素材右上方的小圆圈，然后点击界面右下角的"添加"按钮，就可以把纯黑背景素材添加到视频里面了。

4.1.2 剪映 App 素材轨道显示逻辑

剪映 App 素材轨道显示逻辑是下方素材轨道的画面会显示在上方素材轨道画面的上方，跟部分软件的图层显示逻辑是相反的，如图 4-5 所示。

纯白背景的素材轨道位于主视频素材轨道的下方，但是纯白背景显示在画面的上方。如果有多个素材轨道，那么最下方素材轨道的画面是显示在最上方的。

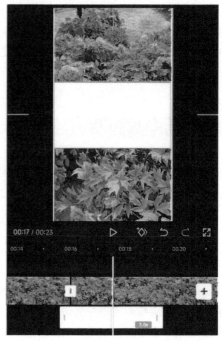

图4-5

4.1.3 画面层级的调整

当有多个素材轨道时，如果我们不想按照默认的画面层级显示，也不想移动视频轨道，那么可以通过调整层级的方式来改变画面层级的显示。

展开素材轨道后，选择任意主素材轨道下面的素材轨道，点击"层级"图标，如图 4-6 所示。

图4-6

点击"层级"图标后，会出现类似图 4-7 所示的画面。

图4-7

调整画面层级有两种方法，一是长按并拖动预览框来调整层级，靠左的预览框内的素材显示在靠右的预览框内素材的上层；二是直接选中预览框，然后点击左侧的"置顶"图标，或者点击右侧的"底部"图标，这种操作适合快速将图层进行置顶和置底。

调整画面层级默认调整的是画中画之间的图层，如果我们需要连同主轨道的素材一起调整，那么可以点击右上角的"仅画中画"字样来选择"仅画中画"的层级调整或"全部轨道"的层级调整，如图 4-8 所示。

图4-8

需要注意的是层级调整后，素材轨道的位置不会变化。

4.1.4　主素材轨道和画中画素材轨道切换操作

（1）主素材轨道切换画中画素材轨道。选中主素材轨道素材，然后点击"切画中画"图标，即可将素材切换至画中画素材轨道。

（2）画中画素材轨道切换主素材轨道。选中要切换到主素材轨道的画中画素材，然后点击"切主轨"图标，即可切换回主素材轨道，该素材会切换到时间轴竖线指示的素材后面，如图 4-9 所示。

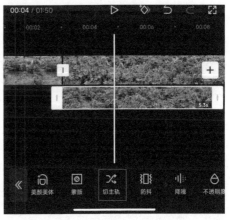

图4-9

4.1.5　新增画中画

有如下两种方式来给素材新增画中画。

（1）将当前素材轨道上的素材作为画中画使用，只有主素材轨道上的素材才有"切画中画"选项。选中作为画中画的素材，然后点击"切画中画"图标。

（2）插入新的画中画素材，直接拖动主素材轨道素材，使时间轴竖线处在需要插入画中画的位置。然后拖动界面下方工具条，点击界面下方的"画中画"图标，如图 4-10 所示。

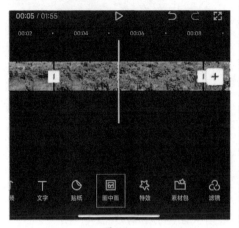

图4-10

继续点击"新增画中画"图标，如图 4-11 所示。

此时会出现添加素材的界面，我们可以从本机的照片视频、剪映云、素材库中选择素材。此时可以一次选择多个素材进行添加，注意选中的多个素材不位于同一素材轨道，而是每个选中的素材单独占用一个素材轨道。

在我们退出剪辑界面后，在草稿中再次进入剪辑界面时，画中画素材轨道会自

动隐藏，如图 4-12 所示。

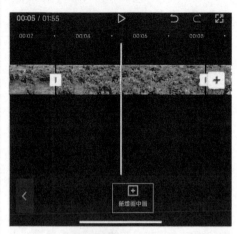

图4-11

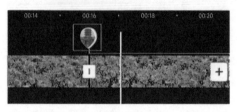

图4-12

如果需要编辑画中画素材，可以点击主素材轨道上面的气泡来显示画中画素材轨道。

4.2 ▶ 画面裁剪、放大和旋转

4.2.1 通过双指缩放裁剪

选中素材后，预览图周边出现红框，如图 4-13 所示。

此时我们可以通过双指缩放来改变画面的大小，放大画面后，溢出红框外的部分将不会被显示；缩小画面后，空出的部分会被黑色背景填充，如果我们此时选择了画布，则空出的部分会被画布填充。

图4-13

4.2.2 通过菜单裁剪

选中素材，然后点击界面下方工具栏中的"编辑"图标，如图4-14所示。

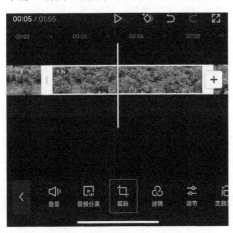

图4-14

（1）旋转。点击"旋转"图标，如图4-15所示。

图4-15

此时画面会旋转90°，同时预览框上方会短时出现90°标识，重复按此图标，旋转角度会在90°、180°、270°和0°切换。

如果需要其他角度，我们可以双指放在屏幕的两侧，手动旋转素材。素材开始旋转时，手机会有振动的提示，界面上会实时显示旋转的度数。当素材转动到90°、180°、270°和0°的时候，手机也会有振动的提示。

（2）镜像。点击"镜像"图标，如图4-16所示。

图4-16

此时画面会以中轴做镜像翻转的操作。如果用手机的前置摄像头拍摄的人像效果和人站在镜子前拍摄的效果不一致，我们可以使用这个功能来使它们保持一致。

（3）裁剪。点击"裁剪"图标，如图4-17所示。

图4-17

界面会显示一个白线围成的九宫格，如图4-18所示。

图4-18

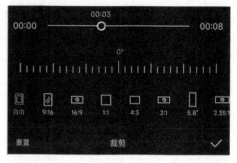

图4-19

我们通过调整九宫格来裁剪素材，此时可以双指缩放素材来调整裁剪的部分，或者单手拖动位于九宫格4个角和4条边上的控制条进行调整。当九宫格小于素材时，可以拖动素材来调整要裁剪的部分。

裁剪框下方是裁剪工具栏，如图4-19所示。

我们可以通过拖动工具栏上方的时间轴来预览裁剪后的画面，时间轴下方是倾斜角度调整按钮，拖动红色竖线可以在-45°到45°范围内调整旋转的度数。旋转时，系统会自动将画面放大避免出现裁剪过程中的黑边。

工具栏下方是裁剪比例选择栏，默认为"自由"裁剪，可以随意调整裁剪的比例，高度、宽度都可以调整。其他选项则提供固定比例来进行裁剪，剪映App预置了许多比例供我们选择。使用预置的比例来裁剪时，我们只能调整裁剪框的大小，无法调整裁剪框的宽高比。

裁剪完成后，可以点击右下角"√"图标确认裁剪结果。如果不满意，可以点击"重置"撤销裁剪的操作。

4.3▸ 动画功能

如果我们不想让后一个素材和前一个素材的衔接表现得生硬，可以使用剪映App提供的动画功能来实现场景的过渡。

动画功能表面上看和前面的转场功能有些相似，但是这两个功能还是有不同的地方的。转场用于两个素材之间的过渡，产生的效果对前一个素材和后一个素材都有影响。而动画效果只针对当前选中素材，不会影响这个素材前面的素材和后面的素材。

下面介绍如何进行动画的设置。选中素材，然后点击界面下方工具栏中的"动画"图标，如图 4-20 所示。

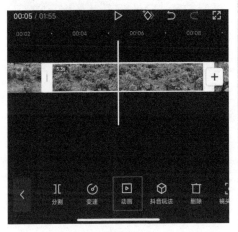

图4-20

动画效果根据在素材的开头、结尾和中间分为入场动画、出场动画、组合动画3 类。

4.3.1　入场动画

入场动画顾名思义就是素材切入场景时的动画效果。点击"动画"图标后，出现入场动画界面，如图 4-21 所示。

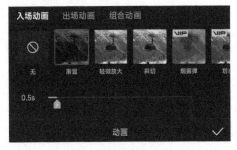

图4-21

剪映 App 提供很多入场动画，我们可以点击各个效果进行预览。界面下方有时间轴，用于选择入场动画的持续时间，我

们可以拖动滑块来选择时长。时长最长可以和整个素材时长相同，除非素材非常短，但一般不建议这样做。剪映 App 会在素材轨道上用浅色的幕布提示入场动画所占的部分，如图 4-22 所示。

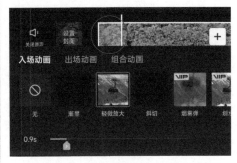

图4-22

4.3.2　出场动画

出场动画和入场动画相反，是指素材末尾切换到别的素材时的效果。如果我们前面设置了入场动画，此时下方的时间轴会出现两个滑块，左侧绿色滑块用于调整入场动画时长。我们可以移动右侧红色滑块来调整出场动画的时长，如图 4-23 所示。

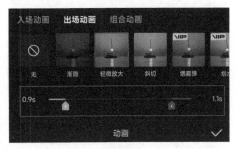

图4-23

和入场动画一样，有出场动画效果的部分也会用浅色的幕布来提示。

4.3.3 组合动画

组合动画是指素材出场和入场都出现的动画效果。默认组合动画覆盖整个素材的时长，它的调节方式是左右移动两个滑块，如图 4-24 所示。

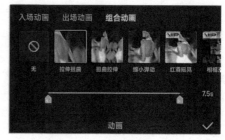

图4-24

以上 3 类动画效果可以独立运用，也可以组合运用，以达到更好的效果。

4.4▶ 抖音玩法

剪映 App 中有一类特效叫作抖音玩法，顾名思义就是使用抖音化的风格来编辑素材。大部分抖音玩法只支持图片。选中素材，然后点击界面下方的"抖音玩法"图标，如图 4-25 所示。

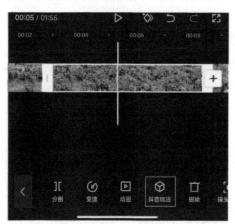

图4-25

之后出现的界面如图 4-26 所示。

图4-26

里面大部分特效都是针对人像的，我们可以点击图标来预览效果，然后点击右下角的"√"图标应用即可。

第 5 章

关键帧动画
和画面定格

剪映 App 关键帧动画功能是我们在视频中处理各种动画和特效的基础，恰当使用关键帧动画可以使动画效果更加生动、有趣。本章主要介绍剪映 App 关键帧动画的基本用法和画面定格的相关操作。

5.1 ▶ 关键帧动画

要理解关键帧动画，首先要明白什么是帧和关键帧，帧是动画中最小单位的单幅画面，相当于电影胶片上的每一格镜头。关键帧是物体运动变化中关键动作所处的那一帧，相当于二维动画中的原画。

关键帧动画是根据我们设置的关键帧，从起始画面到结束画面，由软件生成的画面变化的运动画面。制作关键帧动画的要点就是关键帧的设置。比如我们要制作一段放大的动画，需要设置一个扩大后的关键画面作为关键帧，那么剪映 App 会计算出从素材开始到这个帧之间的变化画面。如果没有这个关键帧，剪映 App 不会处理中间的变化画面，素材就不会有扩大的动画效果。

关键帧动画可以用来制作各种各样的动画效果，如物体缩放效果、物体移动（位置变化）效果。下面结合两个具体的示例来介绍它们。

5.1.1 物体缩放效果

当我们要强调某个物体时，一般首先将整个物体放入画面，然后将画面逐渐放大，来突出想强调的物体。

以物体放大为例，首先拖动时间轴竖

线到关键帧动画开始的位置，点击"插入关键帧"图标，如图 5-1 所示。

图5-1

插入关键帧后，时间轴竖线处会出现一个菱形图标，这个图标就是关键帧的标志，如图 5-2 所示。

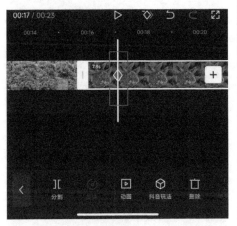

图5-2

它表示素材从此处开始变化。然后我们移动素材，使时间轴竖线处于物体放大到最大时的位置，此时调整画面，使画面显示为最终要放大的大小，剪映App 会在此处自动插入一个关键帧。再次拖动素材，使时间轴竖线处于物体变回到正常大小的位置，然后调整画面到正常大小，剪映 App 也会在此处自动插入一个关键帧。

此时我们点击预览窗口的播放按钮，就可以看到一个物体逐渐放大又逐渐缩小的缩放效果。

5.1.2　物体移动效果

我们首先从素材库寻找一个动画，以蜜蜂动画为例来演示效果。由于移动的素材是我们后加的，所以这时需要用画中画功能来实现。移动素材，使时间轴竖线出现在要插入动画的位置，点击"画中画"，然后点击"新增画中画"，在出现的界面

中点击"素材库"。然后在文本框中输入"蜜蜂"进行搜索，结果如图 5-3 所示。

图5-3

点击相应的素材可以进行预览，在这里我们直接添加第一个素材即可。选中素材后，点击"添加"按钮。这时素材就被导入了，如图 5-4 所示。

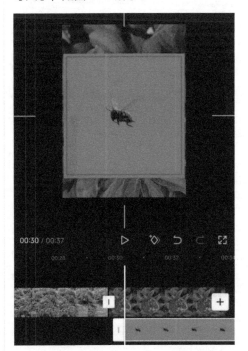

图5-4

拖动插入的素材，使它和上方素材的时间轴对齐。长按蜜蜂素材，然后拖动，对齐时手机会有振动提示。由于蜜蜂后面的蓝色背景会遮挡下方的画面，所以需要先对素材进行抠像操作，将蓝色背景去除。

由于我们选择的素材比较简单，直接进行智能抠像即可。选中蜜蜂素材，然后点击"抠像"图标，如图5-5所示。

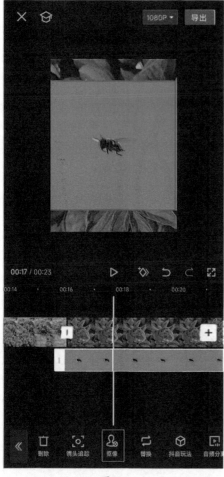

图5-5

我们在出现的界面中，点击"智能抠像"图标，如图5-6所示。

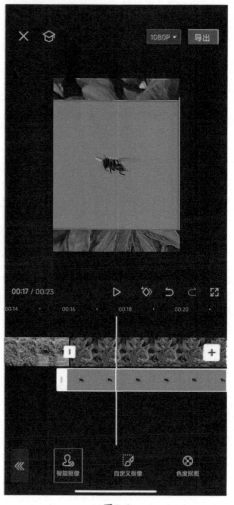

图5-6

然后等待抠像成功的提示即可。我们选择的素材比较简单，智能抠像功能可以很好地处理这个画面。详细的抠像教程，我们会在后续章节中介绍。抠像完成后，我们可以看到蜜蜂的蓝色背景已经被完全去掉，如图5-7所示。

原素材的蜜蜂只是在原地做扇翅膀的运动，而我们要让蜜蜂在花周围移动，因此需要利用关键帧动画功能开始制作蜜蜂飞行动画。

图5-7

首先选中蜜蜂素材，然后拖动轨道使时间轴竖线显示在要插入关键帧的位置，也就是蜜蜂开始移动的位置，再点击插入关键帧图标，如图 5-8 所示。

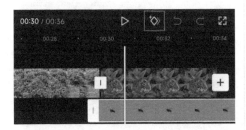

图5-8

最后拖动素材轨道，使时间轴竖线处在第二个关键帧要插入的位置。此时我们移动预览图上蜜蜂的画面，使它的位置从花的顶部移动到花的一边，这时剪映App 自动插入了一个关键帧，如图 5-9 所示。

以此类推，移动素材轨道，添加蜜蜂在花下面和蜜蜂在花右边的关键帧。完成后，我们可以看到蜜蜂素材轨道上有 4 个关键帧，如图 5-10 所示。

图5-9

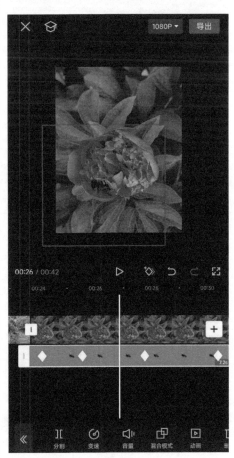

图5-10

通过这 4 个关键帧，我们可以完成蜜蜂在花周围飞行动画的制作了。以上就是一个简单的具有物体移动效果的关键帧动画的制作过程。

除了图片和视频外，对音频也可以添加关键帧，以调整音量大小，实现音乐或者背景音淡入、淡出的效果或者其他效果。

对文字和字幕也可以添加关键帧，以实现字幕的漂浮效果。总结一下，只要是能出现在素材轨道上的素材都可以添加关键帧。音频和文字的关键帧添加我们会在后续的章节中讲解。

5.1.3　删除关键帧

如果关键帧的设置有错误，或者我们需要调整它的位置，这时需要删除当前位置的关键帧。我们首先选中要删除关键帧的素材，然后拖动素材轨道，使时间轴竖线处于关键帧的位置。此时关键帧的白色菱形图标变为红色菱形图标，如图 5-11 所示。

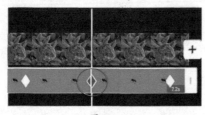

图5-11

然后点击轨道上方的删除关键帧按钮，如图 5-12 所示。

关键帧动画效果也会一并被删除。

图5-12

5.2▶ 画面定格

画面定格是指使移动的图像或者变化的图像忽然变成静止的图像。

选中素材，拖动素材至时间轴竖线显示在需要画面定格的位置，点击"定格"图标，如图 5-13 所示。

图5-13

此时时间轴竖线处画面会变成一幅静止的图像，默认定格的时间是 3s，我们可以根据需要来进行调整。画面定格可以用来突出某个动作或者画面，比如体育比赛中的冲线画面、婚礼中的甜蜜瞬间或者片尾标题等。

5.2.1 画面定格应用——片尾标题

拖动素材轨道，使时间轴竖线显示在所有素材的末尾，然后选中最后一个素材，点击"定格"图标。此时剪映 App 会在片尾处添加一个时长为 3s 的定格画面，

如图 5-14 所示。

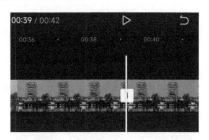

图5-14

时间轴竖线右侧就是定格画面的素材轨道。选中定格画面的素材，拖动素材的右侧边框，可以调整素材的时长。我们可以调整时长为和设计的片尾相同，以文字为例，点击屏幕下方的"文字"图标，如图 5-15 所示。

图5-15

在出现的界面中，点击"文字模板"图标，如图 5-16 所示。

图5-16

剪映 App 提供了非常多的文字模板，如图 5-17 所示。

选中后，点击右上角的"√"图标，就可以将其应用到我们的定格画面上了。

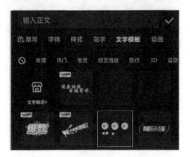

图5-17

5.2.2 画面定格应用——拍照效果

画面定格的另一个应用是模拟相机的拍照效果，下面介绍如何模拟拍照效果。首先按照前面的教程生成一段画面定格素材，然后将时间轴竖线定位在定格画面和前面的素材之间，点击白色方块，再选择"拍摄"分类的"拍摄器"效果，如图 5-18 所示。

图5-18

这样一个简单的拍照效果就实现了。为了使拍照效果更加鲜明和个性化，我们可以进行进一步的剪辑。

点击刚刚的定格画面，然后点击界面下方的"复制"图标，如图 5-19 所示。

图5-19

这样即可在定格画面的后面复制一个同样的定格画面。然后选中刚才复制出的素材，点击"切画中画"图标，如图 5-20 所示。

图5-20

将移至下方的定格画面素材时间轴前移，与之前的图层对齐，如图 5-21 所示。

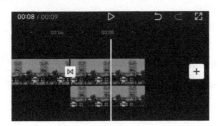

图5-21

选择下面的图层，然后点击编辑图标，再点击旋转图标。旋转一定的角度，并调整图像的大小，如图 5-22 所示。

图5-22

点击位于上方素材轨道的定格画面，点击"不透明度"图标，如图 5-23 所示。

把当前素材的不透明度拉到最低，如图 5-24 所示。

这样一个更加具有风格的拍照效果就实现了。

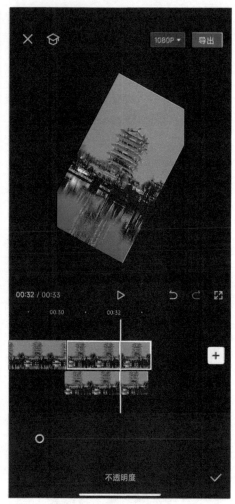

图 5-23   图 5-24

第6章

声音的处理

在前面的章节中，我们讲解了素材画面的处理方法。但是素材不只有画面，还有声音。声音处理的好坏，会在很大程度上影响我们剪辑得到的作品的效果。本章将讲解如何对声音进行处理。

6.1 音效的添加及音频的淡化

音效的添加和音乐的添加一样。点击界面下方的"音频"图标，或者点击素材轨道下方的"添加音频"按钮即可实现，如图 6-1 所示。

图6-1

剪映 App 提供了音乐、抖音收藏、音效、提取音乐、录音这几种添加音频的方式，如图 6-2 所示。

而"版权校验"的主要功能是针对我们制作的准备发布到抖音的作品中的音频进行版权校验，确保抖音拥有作品中的音频的授权，以免发布到抖音上的作品有侵权风险。为避免侵权风险，建议在剪辑发布到抖音上的作品时，先使用版权校验来验证版权。

图6-2

6.1.1 插入音效

剪映 App 提供各种各样的音效，抖音短视频中常见的热门音效都可以在这里找到。在音频界面点击"音效"图标。如图 6-3 所示。

图6-3

点击"音效"图标后会出现如图 6-4 所示的界面。

图6-4

剪映 App 根据音效提供了详细的分类以方便我们使用，点击对应的标签即可切换到相应的分类。点击音效的名称就可以进行下载或试听。下载完成的音效右侧有一个"使用"按钮，点击它就可以将音效

添加到素材中。

没有下载到手机中的音效，其最右侧有一个下载的图标。如果我们想要将音效添加到素材中，需要先下载，点击下载图标即可。点击音效名称右侧的五角星图标可以将音效收藏，被收藏的音效的五角星图标会变成黄色实心的五角星，而且会出现在收藏这个标签里，如图 6-5 所示。

图6-5

以后需要使用该音效的时候就可以直接在收藏这个标签里查找并使用。如果我们不想逐个浏览，也可以根据自己的目的，直接在文本框中输入相关的关键词进行搜索，如图 6-6 所示。

图6-6

我们可以根据需要来使用音效，如果我们剪辑一个比较长的视频，片段之间过渡得很自然，就不需要设置音效；如果我们使用很多短小的不同素材来剪辑成长视频，那么转场时有音效是比较好的选择。

常用的综艺音效有观众欢呼声、掌声等，如图6-7所示。

图6-7

有时我们录制的环境音比较嘈杂，很难录到清晰的风声、鸟声或者雨声，或者这些声音被其他声音所干扰。这时候可以在环境音标签中找到相关的音效，点击对应的名称来进行试听。选定并下载后，点击右侧的"使用"按钮就可以将音效应用到我们的素材中了，如图6-8所示。

图6-8

添加音效后，所添加音效片段的长度可能和我们的素材片段的长度不一样。如果音效片段比素材片段要长，我们可以通过和分割素材类似的方式来删除不需要的音效片段。选中要处理的音效片段，然后点击界面下方的"分割"图标，如图6-9所示。

分割后，选中要删除的音效片段，然后点击下方的"删除"图标，如图6-10所示。

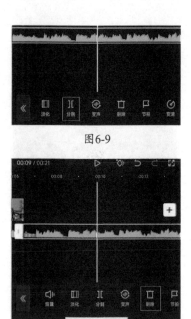

图6-9

图6-10

如果音效片段的时长短，可以采用重复添加的方式来添加音效，当然这时还要考虑重复添加是有适用场景的。

6.1.2 音频的淡化

为避免突然转换声音而显得突兀，或者声音音量突然变大给人一种很突然的感觉，可以使用淡化功能来处理音频。点击音频，然后点击"淡化"图标，如图6-11所示。

图6-11

在出现的界面中设置"淡入时长"和"淡出时长"，如图 6-12 所示。

图6-12

设置好淡入时长和淡出时长后，音频轨道会有相应的表示，如图 6-13 所示。

左侧是淡入的标识，右侧是淡出的标识。

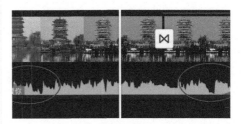

图6-13

6.2 ## 提取音乐和音频分离

6.2.1　提取音乐

如果我们想插入的音乐包含在某一段视频里，这时可以使用剪映 App 提供的提取音乐功能，把视频中的音乐提取出来并插入我们的作品中。点击界面下方的"音频"图标，然后点击"提取音乐"图标，如图 6-14 所示。

第一次使用提取音乐功能时，剪映会出现图 6-15 所示的提示。

然后我们可以从存在手机里的视频中提取音乐，作为素材的背景音乐使用，还可以从抖音下载的视频中提取音乐。选中视频后，点击"仅导入视频的声音"按钮，如图 6-16 所示。

图6-14

图6-15

图6-16

这个操作只会导入视频中的音乐，而视频不会导入。如图 6-17 所示，此时剪映 App 会提示，使用未授权音乐发布到抖音，可能会因版权限制而被静音。建议提前使用"版权校验"功能进行校验。

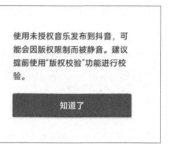

图6-17

另外我们可以从抖音中保存视频到相册。找到喜欢的带音乐的视频，在视频界面长按，然后在弹出的菜单中选择"保存到相册"，如图 6-18 所示。

图6-18

等视频下载完成，就会出现"已保存，请去相册查看"的提示，如图 6-19 所示。

图6-19

我们在使用提取音乐功能时，就可以在相册中看到刚刚下载的视频。

6.2.2 从抖音收藏中导入音乐

此处的抖音收藏是指我们在剪映 App 中登录的抖音账号在抖音中收藏的纯音

乐，不是带音乐的视频。

下面介绍如何从抖音收藏中导入音乐，点击"音频"图标，然后点击"抖音收藏"图标，如图 6-20 所示。

图6-21

图6-22

如果还没有下载到本机，可以点击右侧的下载图标，待音乐下载完成后，下载图标会变成"使用"按钮。此时我们可以通过点击"使用"按钮添加音乐。

简要介绍在抖音中如何收藏音乐，在抖音视频界面的右下角有一个碟片样式的图标，如图 6-23 所示。

点击该碟片图标后，会出现作者创作的原声音乐的界面，如图 6-24 所示。

图6-20

出现的界面类似图 6-21 所示。

界面上半部分是抖音音乐的分类，我们可以点击各个分类来浏览或试听音乐。

界面下半部分提供了几个常用的标签，默认标签显示的是抖音收藏的音乐。如果我们已经将抖音收藏的音乐下载到本机，就可以直接点击右侧的"使用"按钮进行添加，如图 6-22 所示。

图6-23

图6-24

这时我们可以点击"收藏音乐"按钮来收藏音乐。然后我们可以通过剪映 App 的抖音收藏功能来使用该音乐。

6.2.3 音频分离

有时候我们需要将素材中的音频去掉，或者进行修改或调整，可以使用剪映 App 的音频分离功能来实现。我们先添加一个带音频的素材，添加完成后，如果我们把素材的原声关掉，可以从素材轨道上看到一个静音图标，如图 6-25 所示。

如果我们想处理这段素材里的音频，就需要将音频从素材里分离出来。点击素材，然后点击"音频分离"图标，如图 6-26 所示。

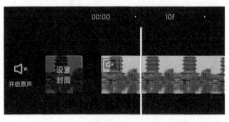

图6-25

图6-26

然后，剪映 App 就会将音频分离出来，并在视频轨道的下方存放分离出来的音频。这时可以看到原来的素材轨道下方多了一条视频原声 1 的轨道，如图 6-27 所示。

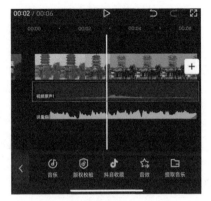

图6-27

分离出来的音频此时是一个独立的音频片段，和之前的素材没有任何关系。我们可以对它进行任意处理，甚至可以在不

需要的时候删除它。

如果不小心删除了分离出来的音频，后来发现还需要这段音频，这时可以点击素材，然后点击"还原音频"图标，如图 6-28 所示。

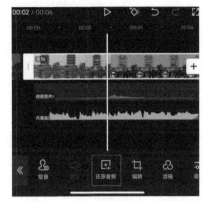

图6-28

剪映 App 会自动还原素材自带的音频。

6.3 ▸ 添加旁白

如果我们要给素材添加旁白，可以通过多种方法实现，具体如下。

6.3.1 直接录制旁白

十分简单的一种方法是直接录制旁白，点击"音频"图标。然后点击"录音"图标，如图 6-29 所示。

进入录音界面，点击或长按麦克风按钮进行录制，如图 6-30 所示。

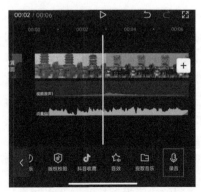

图6-29

图6-30

我们直接长按麦克风按钮进行录制，其类似微信里的长按发语音的功能。我们对着手机的麦克风朗读准备好的旁白即可。

6.3.2 使用图文成片功能生成旁白

如果对自己的声线不太满意或者不喜欢自己的声音出现在作品里，还有另外一种方法，就是使用之前提到的图文成片功能生成旁白。打开剪映 App，点击屏幕上方的"图文成片"图标，如图 6-31 所示。

图6-31

在出现的界面中，我们点击文本框，然后输入旁白文本。如果我们已经在其他软件中将旁白文本编辑好了，可以将旁白文本直接复制并粘贴到图文成片的文本框里。在其他软件里对旁白文本进行复制，然后在"请输入正文"处长按，会弹出图 6-32 所示的对话框。

点击"粘贴"就可以将复制的旁白文本粘贴到文本框内。然后点击右上角的"完成编辑"按钮，如图 6-33 所示。

图6-32

图6-33

粘贴完成后选中左下角的"智能匹配素材"，最后点击"生成视频"按钮，如图 6-34 所示。

图6-34

剪映 App 会根据我们录入的旁白文本来生成一段视频，视频的时长和旁白文本的长度有关。旁白文本长度越长，所生成的视频时长越长，相应需要耗费的时间就越长。我们不能无限地添加旁白文本，剪映 App 限制最多添加 3000 个字符。

视频生成后，我们直接点击界面右上角的"导出"按钮，将生成的视频导出相册，如图 6-35 所示。

图6-35

等待一段时间，导出完成后点击界面下方的"完成"，如图 6-36 所示。

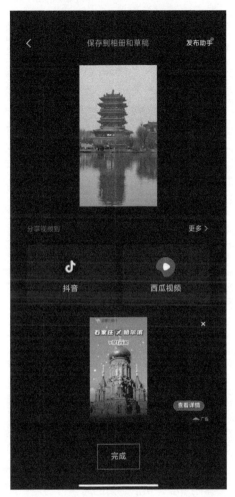

图6-36

这时我们就可以在相册中看到导出的视频。为方便后期的剪辑处理，我们可以将旁白分段处理来生成视频。最后把旁白的音频导入我们的作品中。打开要导入旁白的作品，然后点击"音频"图标，在出现的界面中点击"提取音乐"图标，如图 6-37 所示。

图6-37

在出现的界面中选择我们刚刚生成的视频。然后点击屏幕下方的"仅导入视频的声音"按钮，就可以将系统生成的旁白导入我们的作品中。

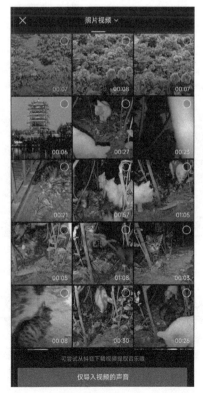

图 6-38

6.4.1 声音的降噪处理

如果我们录制视频时需要一边解说一边拍摄，但是拍摄的环境比较嘈杂或者没有使用专业的录音设备，那么环境的噪声有时候会影响到我们解说的语音。在环境噪声不是特别大的情况下，我们可以使用剪映 App 提供的降噪功能来处理声音。

下面介绍如何在剪映 App 中对声音进行降噪处理。选中需要降噪处理的素材，然后在界面下方向左滑动工具栏，找到并点击界面下方的"降噪"图标，如图 6-39 所示。

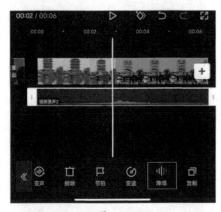

图6-39

打开降噪开关，如图 6-40 所示。

图6-40

打开降噪开关后的界面如图 6-41 所示。

图6-41

此时剪映 App 会对我们选中的素材中的声音进行降噪处理。处理完成后点击界面右下角的"√"图标就可以退出。我们可以点击预览窗口的播放图标来试听降噪后的声音。

受制于算法和技术，软件降噪的效果不能说完美，只能说可以提高声音质量，不可能达到完全消除噪声的效果。降噪处理有规律的噪声的效果比较好，如风声、雨声、风扇转动的声音等。降噪由于是对声音进行处理，因此有可能降低声音的质量。所以进行降噪处理的时候，我们最好先试听降噪的效果，再进行下一步处理。

如果拍摄环境在室外，而且环境声音比较嘈杂，单纯使用剪映 App 的降噪功能效果可能不太明晰。我们可以通过其他措施来降低环境的噪声，比如给手机连一个有线耳麦，然后讲解的时候紧贴麦克风讲话。

6.4.2 声音的变声处理

接下来讲解声音的变声处理。我们在抖音上听到的各种"奇怪"的变声基本都是通过这个功能来实现的。选中要处理的素材，然后点击界面下方的"变声"图标，如图 6-42 所示。

出现的变声界面如图 6-43 所示。

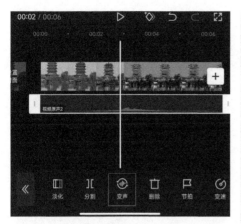

图6-42

图6-43

剪映 App 将变声效果分成了 4 类，分别是基础、搞笑、合成器、复古。常用的是基础和搞笑两类变声效果。

我们以基础中的女生为例来介绍变声效果。进入变声后默认处在基础分类，向左滑动选项，然后点击"女生"，如图 6-44 所示。

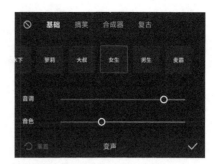

图6-44

用上方的圆圈可以调整音调，用下方的圆圈可以调整音色，我们可以根据需要进行调整。如果不满意，还可以点击左下角的"重置"图标，音调和音色就会恢复为默认值。调整完成后，点击右下角的"√"图标即可。每类变声效果的设置选项都不一样，我们可以点击后边调整边试听。

应用了变声效果后，剪映 App 会在素材轨道上显示已经使用的变声效果，如图 6-45 所示。

图6-45

如果还想使用其他变声效果，可以通过逐个点击、试听来确认效果并使用。

第7章

文字编辑

本章讲解剪映 App 中的文字编辑，就是给视频添加文字注释或者解说，类似的应用有制作歌曲的歌词、电影的演员表等。

7.1 ▶ 新建文本

点击"开始创作"图标，然后选择合适的视频素材添加到剪辑中。点击工具栏中的"文字"图标，如图 7-1 所示。

可以看到文字中的详细菜单，如图 7-2 所示。

图7-2

点击"新建文本"图标后会出现文本框，如图 7-3 所示。

图7-3

我们输入的文字会实时显示在文本框内。先输入"大明湖超然楼"这 6 个字。输入完成后，点击输入法键盘上的"回车"

图7-1

按钮，可以实现文字的换行。点击文本框右侧的"√"图标，输入法键盘界面会被隐藏。此时视频剪辑轨道下会出现一个文字轨道，如图 7-4 所示。

图7-4

如果需要调整和修改文字，可以双击文字轨道再次进入编辑状态；或者选中这个文字轨道，然后点击下方工具栏中的"编辑"图标，也可以进入编辑状态。

当我们点击文字轨道后，预览界面如图 7-5 所示。

图7-5

此时我们刚才输入的文字被一个方框框住，方框周围有 4 个图标，分别实现下述的功能。

删除选中的文字：点击左上角图标，可以删除选中的文字。

编辑选中的文字：点击右上角图标，可以进入文字编辑界面，对文字进行修改。

复制选中的文字：点击左下角图标，可以将选中的文字复制并放置到一个新的文字轨道中。

旋转、放大或缩小选中的文字：按住右下角图标，不要松手，就可以拖动方框来实现选中文字的旋转、放大或缩小。

7.1.1 字体设置

选中文字轨道后，文字轨道会被白色边框包围，并且左、右两端都有调整的图标。点击界面下方的"编辑"图标，如图 7-6 所示。

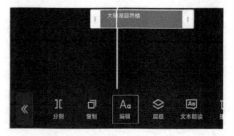

图7-6

点击"编辑"图标后，可以看到图 7-7 所示的界面。

图7-7

剪映 App 提供了非常多的字体，字体右上角的下载图标表示手机上还没有这种字体，需要下载才可以使用。我们在点击这种字体的时候，字体会自动下载到手机上并应用到输入的文字。我们可以随时在预览窗口中查看效果，不用担心试用字体会占用很大的空间，因为字体文件占用的空间很小。

本示例中选择"后现代体"这种字体。字体根据表现形式被分成了许多类别，常用的字体都在"热门"这个类别里。

部分字体的左上角有"可商用"3 个小字，表示可以将这种字体应用在商用作品中。剪映 App 在字体类别栏的最左侧，设置了显示所有可商用字体的开关，如图 7-8 所示。

图7-8

点击显示所有可商用字体开关图标，剪映 App 会提示"当前面板已为你展示全部可商用素材"，并且该图标会变为绿色，"OFF"也会变为"ON"。此时系统展示的字体全部都是可商用字体，我们可以将这些字体用在商用素材上。

长按字体可以进行收藏，收藏后的字体的右上角会有黄色的五角星，并且会出现在收藏类别内。再次长按收藏的字体就会取消收藏。

除了中文字体外，剪映 App 还提供英文字体和日、韩文字体，以方便我们编辑英文和日语、韩语时设置字体，如图 7-9

所示。

图7-9

7.1.2　样式设置

点击"样式"，系统会展示样式设置界面，如图 7-10 所示。

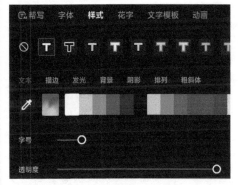

图7-10

下面简要介绍样式设置界面。

快捷设置栏：最上方 T 字图标所在的栏，在此可以直接点击对应的图标，选择系统预先设置好的样式。选择好之后可以直接使用，或者稍微调整再使用。剪映 App 提供了几十种预置的样式，我们可以左右拖动进行查看或选择。

单项设置栏：位于快捷设置栏下方，用于进行文字的单项设置。

※　文本：设置文本的颜色、字号和透明度。

※　描边：设置字体外框的颜色。可以在下面的选项中调节外框的粗

细程度。

※ 发光：调整字体的发光效果。扩展选项可以调节发光的强度和范围。

※ 背景：可以调整文字背景的透明度、圆角程度、高度、宽度以及背景相对于文字的上下偏移和左右偏移的程度。

※ 阴影：调整文字后面形成的阴影的颜色、透明度等。

※ 排列：可以选择文字是纵向排列还是横向排列，以及排列后是左对齐还是右对齐，还可以调整文字的字间距和行间距。

※ 粗斜体：设置文字的粗体、斜体和下划线选项。

颜色选择栏： 调整字体的颜色。详细操作可以参照 3.6.1 节。

单项设置栏对应特殊选项： 可以调整文本的字号和透明度。在剪映 App 中，字号越大，文字越大；透明度越高，文字越不透明，透明度调到最低，文字就是全透明状态。

7.1.3 花字

花字是剪映 App 提供的一种模板，已经提前把各种效果都预设好了，无须手动调整，选花字类似直接选成品的过程。和字体设置的区别是，花字里的颜色可以是渐变色，如图 7-11 所示，而字体设置里的文字是纯色。

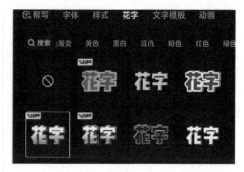

图7-11

和前面的字体设置一样，长按花字可以进行收藏，被收藏的花字右上角会有一个黄色的五角星图标。

7.1.4 文字模板

除了提供前面所讲的文字的静态效果的功能外，剪映 App 还提供了文字的动态效果的功能，文字模板就是其中的一个分类。点击"文字模板"，切换到文字模板界面，如图 7-12 所示。

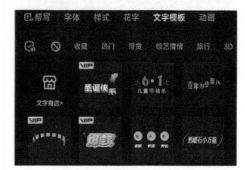

图7-12

点击下方文字模板后可以预览效果。同时模板可能附带额外的文字。比如我们要使用"6·1儿童节快乐"，点击这个模板，将其应用到我们的文字上，如图 7-13 所示。

图7-13

我们想使用这个模板，但是不想要下面的"儿童节快乐"这几个字，则可以在预览窗口中选中这几个字，然后在文本框里将其删除即可。

7.1.5 动画

点击"动画"，可以为文字添加动画效果，如图 7-14 所示。

和前面的文字模板会改变文字的样式（如颜色、字体等）不同的是，动画不会改变文字的样式，只会为设置好的文字应用动画效果。动画按照应用在素材中的时间可以分为入场动画、出场动画、循环动画 3 种。

入场动画：应用到文字进入场景时的动画效果。播放完入场动画后，文字就出现在场景中。

出场动画：应用到文字退出场景时的动画效果。播放完出场动画后，文字就消失在场景中。

循环动画：文字出现后不停地做某一个循环动作。

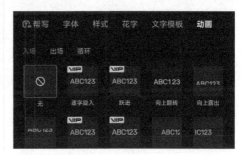

图7-14

应用动画效果后，文字轨道上会提示此段轨道使用了动画效果，如图 7-15 所示。

图7-15

这个提示方便我们可直接根据轨道确定是否使用了动画效果，有利于之后的整体剪辑。

7.2 ▶ 添加贴纸

点击界面下方的"文字"图标，然后在弹出的工具栏中点击"添加贴纸"图标，如图 7-16 所示。

图7-16

此时会出现贴纸界面，如图 7-17 所示。贴纸类似于我们在商店里买的各种粘贴装饰，起到突出某个对象的作用，或者用来点缀视频画面。

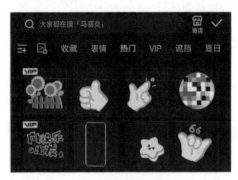

图7-17

我们可以在剪映 App 提供的分类中选择和使用贴纸。

贴纸分类管理： 分类最左侧有一个带 + 号的图标，如图 7-18 所示。

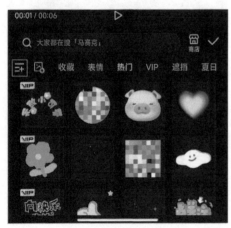

图7-18

点击此图标，出现图 7-19 所示的界面。在此界面，可以管理贴纸的分类。

图7-19

可以看到上方是"我的分类"区域，我们可以在此区域去掉不需要的分类，点击分类图标右上角的"－"图标即可。其中，添加本机图片、收藏、表情、热门、VIP 这几个分类是无法移除的。另外，我们可以长按图标并拖动来调整分类的顺序。点击右上方的"默认排序"按钮可以将之前设置的排序规则取消，并按照默认排序规则进行排序。移除分类后，点击右上方的"完成"按钮即可完成对分类的管理。

被移除的分类会被放到界面左下方的"已移除分类"下拉列表里面。后期如果需要,可以点开"已移除分类"下拉列表,再点击分类图标右上角的"+"图标,将需要的分类添加到"我的分类"。

添加本机图片:点击贴纸分类管理图标右侧的图标,可以将保存在手机上的图片作为贴纸使用。

7.3 ▶ 识别字幕

剪映 App 有一个和文字识别有关的重要功能:识别字幕。这个功能可以在很大程度上方便短视频工作者和一些专业宣传人员、专题片制作者等。之前的字幕都是通过新建文本来实现的,而且要根据视频中的声音手动对齐时间轴。

下面以一段带有音频的素材为例,点击"文字"→"识别字幕",如图 7-20 所示。

图7-20

此时会出现识别字幕的选项,如图 7-21 所示。

图7-21

识别类型:默认选中"全部",就是不仅识别素材中的视频文件,还识别素材中的音频文件。如果我们只想识别视频中的语音,那么点击"仅视频"按钮。

双语字幕:这是开通 VIP 才有的功能。点击"双语字幕"右侧的下拉按钮,可以选择中英、中日、中韩,如图 7-22 所示。

图7-22

标记无效片段:剪映 App 可以智能识别视频中的重复片段、语气词、停顿等内容。开启这个功能,剪映 App 会在识别字幕时对无效片段进行标记,以便可以一键清除无效片段。

同时清空已有字幕:如果我们的原始素材带有字幕,勾选这个选项后,会清除原有的字幕。

设置完成后,点击"开始匹配"按钮,剪映 App 开始识别视频中的声音并生成字幕文件,效果如图 7-23 所示。

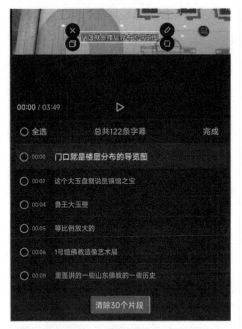

图7-23

我们可以在预览窗口中参照 7.1 节内容调整字幕的样式。下方是识别出的字幕列表，如果我们开启了"标记无效片段"功能，界面最下方会显示清除多少个片段按钮，数字是识别出的无效片段数量。点击这个按钮，剪映 App 会提示"删除字幕是否要同时删除对应视频片段？"，如图 7-24 所示。

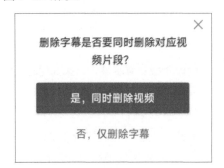

图7-24

根据需要进行选择即可。

清除无效片段后，点击字幕列表右上方的"完成"按钮，就可以看到识别出的字幕的文字轨道出现在视频轨道的下方，如图 7-25 所示。

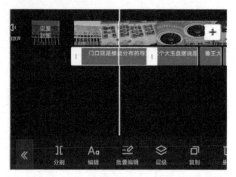

图7-25

此时点击预览窗口的播放按钮就可以预览字幕效果。如果还想继续编辑字幕，可以点击界面下方的"编辑"或者"批量编辑"图标。编辑是针对当前选中的文字进行编辑，批量编辑是对文字轨道上所有的文字进行批量处理。点击"批量编辑"图标后的界面如图 7-26 所示。

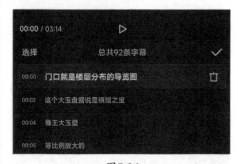

图7-26

粗体的文字就是当前被选中的文字，再次点击此处的文字就可以对其进行修改。点击右侧的删除图标可以删除选中的文字。

7.4▸ 识别歌词

剪映 App 除了可以识别字幕外，还可以识别歌词。打开剪映 App，在视频末尾插入一段音乐，具体插入音乐的方式可以参照第 6 章。拖动时间轴，使时间轴竖线显示在音乐的位置，此时不要选定任何轨道，如图 7-27 所示。

图7-28

之后会出现图 7-29 所示的界面。

图7-29

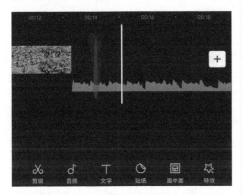

图7-27

点击下方的"文字"图标，然后点击"识别歌词"图标，如图 7-28 所示。

如果之前轨道上已有歌词文本，可以打开"同时清空已有歌词"开关，这样新识别出的歌词会替换原有的歌词。点击"开始匹配"按钮，剪映 App 会自动匹配音乐对应的歌词。跟字幕识别将声音识别为文字不同的是，歌词识别是直接从数据库里面匹配歌词，所以歌词识别的准确率要高于字幕识别的准确率。

7.5▸ 涂鸦笔

剪映 App 的文字编辑还提供了涂鸦笔功能。点击"文字"图标，然后在弹出的界面中点击"涂鸦笔"图标，如图 7-30 所示。

图7-30

之后出现的界面如图 7-31 所示。

图7-31

剪映提供了两种涂鸦方式，分别是基础笔和素材笔。默认选择基础笔。最上面一栏是基础笔的效果选择栏，我们可以左右滑动它来选择各种效果。

效果选择栏下方是颜色选择栏，可以在此处调整涂鸦笔的颜色。颜色的选择方式有3种，和第3章介绍的一样。

下方是调整涂鸦笔的选项，在这里可以调整涂鸦笔的大小和不透明度等。通过调整大小可以调整涂鸦笔在画面上的粗细；通过调整不透明度可以调整涂鸦笔的透明度，不透明度越小，涂鸦笔越透明。

部分涂鸦笔还有硬度选项，如图7-32所示。

图7-32

硬度越低，涂鸦笔的边界越模糊；硬度越高，涂鸦笔的边界越清晰。如图7-33所示，左侧的竖线是硬度为1的涂鸦笔效果，右侧的竖线是硬度为100的涂鸦笔效果。

图7-33

涂鸦笔选项右侧还有一个橡皮擦图标，如图7-34所示。

图7-34

选中后可以擦除画面上的涂鸦笔效果。

除了基础笔之外，剪映还提供素材笔。点击"基础笔"右侧的"素材笔"，就可以调出素材笔界面，如图7-35所示。

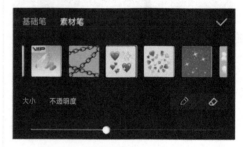

图7-35

和基础笔不同的是，素材笔画出的不是线条，而是各种各样的图案。我们可以通过左右滑动来选择不同的图案，用其装饰画面。

第8章

滤镜、抠像
和混合模式

滤镜也称为增效工具，主要用来实现画面的各种特殊效果。它简单、易用，功能强大，内容丰富，样式繁多。不同的滤镜可以使视频呈现出截然不同的视觉效果。剪映 App 提供了多种滤镜，我们可根据需要进行选择或调整。

　　抠像也是剪辑中常用的工具之一，其作用是把图片或视频的某一部分分离出来，使其成为单独的部分。

　　混合模式是指叠加并混合两个不同的视频画面，从而得到新的画面效果的功能。本章将对这 3 个工具和功能进行详细介绍。

8.1 ▶ 滤镜功能

　　打开剪映 App，然后打开我们需要剪辑的素材，就可以在界面下方找到"滤镜"图标，如图 8-1 所示。

图8-1

之后会出现类似图 8-2 所示的详细滤镜设置界面。

图8-2

　　下面分 3 部分讲解各部分功能如何使用。

8.1.1　滤镜

　　滤镜是各种参数已经设置好的画面调节选项。我们可以直接将滤镜应用到素材中，省去逐项设置的复杂步骤。剪映 App 根据不同的画面调节偏好以及适用的场景，为了方便用户选取，将滤镜分成了许多种类。点击文字即可跳转到对应的分类，比如素材是风景类的，我们可以直接从风景类滤镜中寻找适合素材的滤镜，如图 8-3 所示。

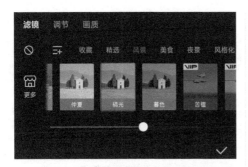

图8-3

我们可以通过移动圆形滑块调节滤镜的强度，圆形滑块越靠右，滤镜风格越强烈。如果不想应用当前的滤镜，可以点击左上角的取消图标来取消所有的滤镜设置。

我们还可以点击取消图标右侧的管理分类图标，来对界面显示的滤镜分类进行管理。点击管理分类图标后的界面如图 8-4 所示。

图8-4

和第 7 章的贴纸分类管理一样，这里我们可以点击分类图标右上角的"–"图标来取消这个分类在剪映 App 界面中的显示。如果需要恢复显示，可以点击界面下方的"已移除分类"来查看已移除的分类，找到需要恢复显示的分类图标，点击图标右上角的"+"图标将其添加到我的分类中。

滤镜商店： 如果在剪映 App 提供的分

类列表中找不到我们需要的滤镜，还可以通过滤镜商店来继续寻找。滤镜商店就在滤镜栏的最左侧，是一个商店样式的图标，点击后会出现类似图 8-5 所示的界面。

图8-5

点击对应的图标就可以进入滤镜的详细界面，虽然名为滤镜商店，但是目前剪映 App 还没有进行相关的收费。我们以图 8-5 中的"蓝色幻想"滤镜为例，点击图标后会出现类似图 8-6 所示的界面。

图 8-6

此时显示的画面是使用滤镜后的画面。我们可以长按画面，画面就会显示使用滤镜之前的效果，可以通过这个功能来对比滤镜的效果。如果我们喜欢这个滤镜，可以点击画面右下角的"收藏"按钮来收藏滤镜。收藏后，"收藏"按钮会变成"已收藏"按钮。后续我们可以直接在滤镜界面的收藏分类中找到这个滤镜，方便使用。

预览窗口下方有 3 个不同名字的滤镜风格，如果我们想都使用，可以直接点击界面下方的"添加全部到滤镜面板"。添加后，滤镜界面会出现当前滤镜的名称，和其在滤镜商店中的名称一致，如图 8-7 所示。

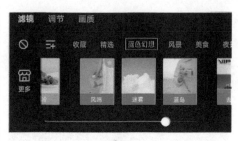

图 8-7

选取最终的滤镜并确定后，我们可以点击右下角的"√"图标来应用滤镜。滤镜应用后，剪辑轨道下方会出现单独的滤镜轨道，如图 8-8 所示。

图 8-8

8.1.2 调节

8.1.1 节讲述的是在素材上应用现有的滤镜。如果我们不满足于现有的滤镜，可以自己调整各种参数来得到想要的效果。这时我们可以使用滤镜中的"调节"功能，如图 8-9 所示。下面对其中的选项进行逐项讲解。

图8-9

智能调色：智能调节画面的颜色剪映 App 的 VIP 才可以使用该选项。

亮度：调整画面的明暗程度。向左为调低亮度，向右为调高亮度。

对比度：调整画面的对比度。调高对比度可以使画面中亮处和暗处的差异变大。

饱和度：调整饱和度，即调整画面中颜色的纯度。饱和度越高，颜色纯度越高。我们常见的美食画面一般调整为高饱和度。

光感：类似于相机的饱和度。调高光感，画面会出现曝光过度的效果；调低光感，画面会出现曝光不足的效果。

锐化：调整画面的清晰度。但是锐化程度过高会出现锯齿状效果，调整时需要注意。

HSL：调整画面中各种色彩的色调、饱和度和亮度。可以对每种色彩分别进行调节。

曲线：调整组成颜色的三原色曲线。可以选择调整所有颜色，或者调整单个颜色。在曲线上点击可以增加调节点。

高光：顾名思义，调整画面的高光部分。向右拖动，高光效果增强，画面整体变亮；向左拖动，高光效果减弱，画面变暗。

阴影：调整画面中物体的阴影效果。处理阳光下有阴影的画面时可以看到比较明显的效果。

色温：调整画面的色温。向右调整，画面的色温提高，风格偏黄；向左调整，画面的色温降低，风格偏蓝。

色调：调整画面的色调。向右调整，色调偏明快；向左调整，色调偏冷暗。

褪色：调整画面的褪色效果。数值越高，褪色效果越明显。

暗角：从中间向右滑动，画面四周会生成比较暗的角落；从中间向左滑动，画面四周会产生比较亮的角落。

颗粒：增加画面的颗粒感。一般用在天空或者水面等简单的画面上时，效果比较明显。

8.1.3 画质

如果我们在拍摄的时候有部分画面的质量不是很好，可以通过滤镜中的"画质"功能进行优化。在滤镜界面点击"画质"，出现的画面如图 8-10 所示。

"去闪烁"主要解决我们在拍摄计算机屏幕或者其他屏幕时，因为屏幕的刷新率导致的画面闪烁问题。

图8-10

"噪点消除"主要解决我们在录制亮度较低的画面时，因为感光器件的限制而导致的画面噪点问题。

目前剪映 App 只提供了这两个画质优化的功能。随着不断更新，后续可能会提供更多的功能。

抠像功能

有时候我们只需要将素材中的部分画面添加到视频中，如我们需要插入一个人像，但是并不需要人像后面的背景，就可以使用剪映 App 的抠像功能。

选中需要抠像的视频片段，然后点击界面下方的"抠像"图标，如图8-11所示。

之后出现的界面类似图 8-12 所示。

图8-11

图8-12

92

剪映 App 提供了 3 种抠像方式，分别是智能抠像、自定义抠像和色度抠图，下面逐一介绍。

8.2.1 智能抠像

智能抠像是无须我们干预的一种抠像方式。选中要抠像的素材后，点击"智能抠像"图标，即可完成抠像。

如果我们想取消抠像效果，可以在"智能抠像"界面点击"关闭抠像"图标，如图 8-13 所示。

图 8-13

智能抠像适用于背景单一，需要抠像的主体和背景区别比较明显，或者主体的轮廓比较清晰的情况。

抠像完成后，可以使用"抠像描边"功能进一步操作。点击"抠像描边"图标，会出现类似图 8-14 所示的界面。

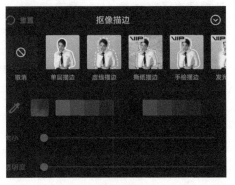

图 8-14

我们可以选择模板对抠像的主体进行描边，还可以设置描边的颜色。和之前一样，设置描边的颜色有 3 种方式，我们可以参考之前章节的内容。除此之外，还可以通过拖动下方的圆形滑块来设置描边的大小和透明度。

8.2.2 自定义抠像

如果需要抠像的主体和背景画面没有明显的区别，或者需要抠像的主体特征不是很明显，这时智能抠像就无法准确地抠取我们需要的图像。我们可以通过自定义抠像来实现抠像。选中要抠像的素材，点击"抠像"图标，然后点击"自定义抠像"图标，就会出现图 8-15 所示的界面。

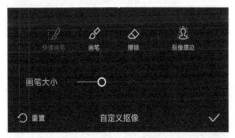

图 8-15

自定义抠像提供了 3 个工具，分别是快速画笔、画笔和擦除。通过快速画笔或者画笔在屏幕上画过的区域会变成浅红色的半透明幕布覆盖在原图上。这个浅红色的半透明幕布覆盖的区域就是要进行抠像的主体。我们通过画笔和擦除工具，使浅红色半透明幕布覆盖的区域完全覆盖要抠像的主体。这样剪映 App 就会根据该区域来抠出我们需要的对象。

快速画笔：类似于 Photoshop 中的魔棒工具。快速画笔可以智能地帮我们快速选定要抠取的对象。

画笔：对于边界比较模糊的图像，快速画笔有时候容易漏选或者多选抠像的区域，这时我们可以使用画笔来选择需要抠像的区域。剪映 App 会根据画笔画过的区域进行抠像。

擦除：有时候我们不小心把抠像的区域扩大了，或者不小心多画了一些，可以点击擦除，对抠像主体之外的区域进行擦除。

我们的操作都是在预览窗口进行操作的，预览窗口如图 8-16 所示。

图8-16

为方便我们对抠像主体精确描边，剪映 App 在我们使用画笔工具进行描边的时候，会在画笔旁边生成局部区域的放大图。描边完成后，还可以点击预览窗口右下方的眼睛图标预览抠像的效果。

8.2.3 色度抠图

如果被抠像的主体背景画面为纯色或者接近纯色，我们可以使用剪映 App 提供的色度抠图工具。选中要抠像的素材，点击"抠像"图标，然后点击"色度抠图"图标，此时会出现色度抠图的界面，类似图 8-17 所示。

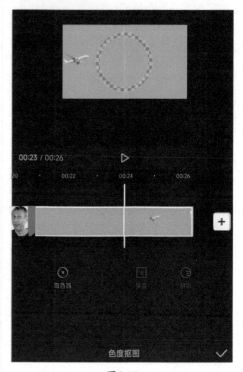

图8-17

刚进入界面的时候，预览窗口的取色器默认没有选择任何颜色，取色器的外圈被格子图案填满。下面的"强度"和"阴影"选项也是灰色的。我们需要移动取色器来取出需要抠像的背景颜色。移动后，取色器的圆环颜色就是我们选取的颜色。我们可以通过调整下面的"强度"和"阴影"来调整抠像的参数，如图 8-18 所示。

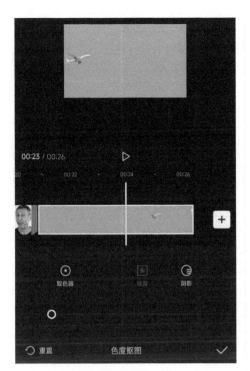

图8-18

强度是 0 的时候不进行抠像操作，我们拖动圆形滑块向右移动，此时可以在预览窗口内看到抠像效果。阴影用于调节主体抠像完成后的阴影，选择"阴影"图标后，拖动圆形滑块来调整即可。

8.3▸ 混合模式

有时候我们需要将拍摄的两段素材中的内容叠加来增强作品呈现的效果，可以使用剪映的混合模式。混合模式在 2 个视频轨道重合时才可以使用。如果我们只有 1 个视频轨道，是不能使用混合模式的。

导入素材后，首先选中需要进行混合的素材，然后点击"切画中画"图标，将素材切换到画中画轨道，如图 8-19 所示。

然后拖动下方的画中画轨道，使它和要混合的素材时间轴对齐，选中下方的画中画轨道，点击"混合模式"图标，如图 8-20 所示。

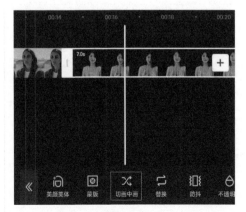

图8-19

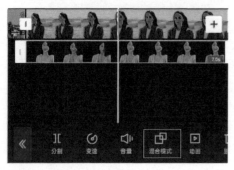

图8-20

只有选中画中画轨道中的素材时，"混合模式"图标才会出现。点击"混合模式"图标后，会出现图8-21所示的界面。

图8-21

剪映 App 提供了许多混合模式，我们可以根据需要进行选择和调整。此处我们使用2个人像素材作为示例，选择"滤色"功能，然后调节混合模式的强度，最终实现的效果如图 8-22 所示。

图8-22

剪映 App 提供的混合模式中的模板都有适合的素材，如变暗、正片叠底、线性加深、颜色加深这4个模板适合处理底色为白色的素材，滤色、变亮、颜色减淡适合处理底色为黑色的素材。如何更好地应用这些模板，还需要我们在后续的剪辑中多去应用和试验。

第9章

文字闪光
扫描效果

有时候我们需要为素材添加一些文字，适当地添加文字效果可以更好地丰富素材的内容。剪映 App 提供了许多预设的文字效果，我们也可以学习如何制作文字效果，制作出具有个人特色的一些文字效果。

下面介绍如何制作闪光扫描的文字效果。这种文字效果需要我们使用剪映 App 先制作好 2 个素材，再使用蒙版和关键帧工具对这 2 个素材进行处理来实现。

9.1▸ 素材的准备

首先开始素材的制作。打开剪映 App，然后点击界面中央的"开始创作"按钮。在出现的界面中点击"素材库"标签，为了突出演示效果，我们选择第一个黑屏背景，这样能更加突出文字的闪光扫描效果。选中黑屏背景后，点击右下角的"添加"按钮，如图 9-1 所示。

图9-1

点击界面下方的"文字"图标，如图 9-2 所示。

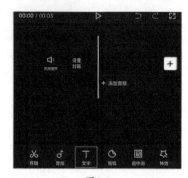

图9-2

在出现的工具栏中点击"新建文本"图标，如图 9-3 所示。

图9-3

输入要制作效果的文字，本次输入"文字闪光扫描效果"这几个字作为示例。输入完成后，点击输入法键盘右侧的下拉图标，如图 9-4 所示，隐藏输入法界面。

图9-4

然后点击文字设置栏的"样式"标签，点击颜色选择栏中的灰色图标，将文字的填充颜色变成灰色。如果字号比较小，可以拖动下方的圆形滑块来调大字号。也可以拖动整个文字方框来调整文字的大小和位置。设置完成后，点击界面右上角的"导出"按钮，如图 9-5 所示，将编辑好的素材导出。

图9-5

素材导出后，点击界面左上角的返回图标，如图 9-6 所示。

图9-6

继续编辑刚才的素材，在返回后的界面中，点击界面下方的"编辑"图标，如图 9-7 所示。

图9-7

按照同样的方式，将文字的填充颜色调整为白色。此时不要调整其他的设置选项，否则没办法做出示例的效果。颜色调整完成后，点击界面右上方的"导出"按钮，将这段素材导出。至此，示例所需要的 2 个素材就准备完成了。

9.2▶ 利用蒙版实现文字效果

准备好 2 个素材后，点击返回图标退回剪映 App 的主界面。然后点击"开始创作"按钮，在出现的界面中选中刚才制作好的 2 个素材，点击界面右下角的"添加"按钮，如图 9-8 所示。

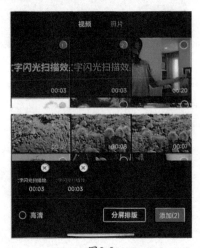

图9-8

导入素材后，选中字体填充颜色为白色的素材，使它处于选中状态。然后点击界面下方的"切画中画"图标，如图 9-9 所示。

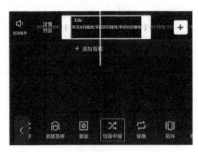

图9-9

然后白底字轨道被单独分出来，并且位于灰底字轨道的下方。接下来我们需要为下方的白底字轨道添加蒙版，左右拖动

下方的工具栏，找到"蒙版"图标并点击，如图 9-10 所示。

图9-10

点击后会弹出蒙版选择的界面，我们选择"镜面"这个蒙版。在预览窗口中用双指缩放来调整蒙版的宽度，将蒙版的宽度调整为大约一个文字的宽度。然后我们旋转两根手指，来调整蒙版的角度，使它大约倾斜 45°。调整完成后，点击界面右下角的"√"图标应用蒙版，如图 9-11 所示。

图9-11

拖动素材轨道，使时间轴竖线处于素材开头，然后选中下方的白底字轨道，点

击添加关键帧图标，如图 9-12 所示。

图9-12

左右滑动界面下方的工具栏，找到并点击"蒙版"图标，出现蒙版选项。然后按住预览窗口中蒙版中间的黄色圆圈，将其水平向左拖动到界面最左侧，如图 9-13 所示。

然后拖动素材轨道，使时间轴竖线处于素材基本结束的区域，在预览窗口中拖动蒙版到最右侧。这时剪映 App 自动在时间轴竖线处添加了一个关键帧，完成后点击界面右下角的"√"图标。至此，简单的文字闪光扫描效果就实现了。

图9-13

上述只是一个简单的示例，我们可以根据需要来更改文字的相关设置，比如将填充颜色由白色改为彩色、添加入场动画和出场动画等，后续读者可以自己探索。

第10章

制作两种不同的回忆效果

关键帧和蒙版是剪映 App 提供的非常实用的工具，我们可以利用这两个工具来制作各种各样的效果。本章将简要介绍如何利用关键帧和蒙版来制作两种不同的回忆效果。

10.1 ▶ 利用关键帧制作回忆效果

打开剪映 App，点击主界面的"开始创作"按钮，然后选择我们准备好的 3 个素材，点击右下角的"添加"按钮，如图 10-1 所示。

图10-1

首先处理主素材，拖动素材轨道，使时间轴竖线位于 2s 左右的位置，即素材中女主角开始微笑的时候。然后点击下方的"分割"图标，选中时间轴竖线左侧的素材，点击屏幕下方的"删除"图标，如

图 10-2 所示。

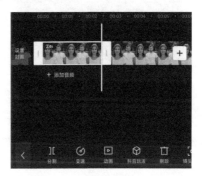

图10-2

这样主素材的开头部分就制作完成了。

然后选中第二个素材，左右滑动界面下方的工具栏，找到并点击"切画中画"图标，如图 10-3 所示。

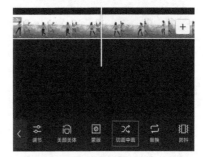

图10-3

这时第二个素材就出现在新的轨道上，并且第三个素材出现在第二个素材轨道的上方，如图 10-4 所示。

我们按照同样的方法，选中第三个素材，左右滑动下方的工具栏，找到并点击"切画中画"图标。这时第三个素材会出现在第二个素材下方的一个新的素材轨道上。

图10-4

为方便效果的呈现，我们需要对两个回忆素材的时长进行调整，使它们的时长为主素材时长的一半左右。因为主素材经过分割后的时长为13s，我们将每个回忆素材的时长分割为7s左右。素材分割完成后，长按回忆素材1并向左拖动，使它的开头在0.5s的位置，如图10-5所示。

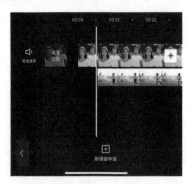

图10-5

然后为回忆素材1设置一个入场动画。选中这个素材，然后点击下方的"动画"图标，如图10-6所示。

在出现的界面中选择"动感缩小"的入场动画效果，并将时间轴拉长至整个素材时长，如图10-7所示。

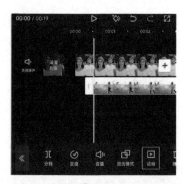

图10-6

图10-7

点击界面右下角的"√"图标，将这个效果应用到素材上。由于图层之间是相互覆盖的关系，因此现在是看不到主素材的画面的。接下来我们用关键帧动态调整回忆素材1的不透明度来实现回忆效果。

拖动剪辑轨道，使时间轴竖线处于回忆素材1的开头。然后选中回忆素材1，点击预览窗口下方的添加关键帧图标，如图10-8所示。

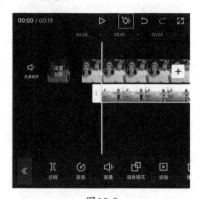

图10-8

左右滑动界面下方的工具栏，找到并点击"不透明度"图标，如图 10-9 所示。

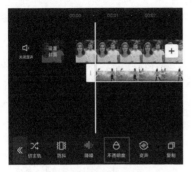

图10-9

在出现的界面中将不透明度调整为 0，使画面变得完全透明。点击右下角的"√"图标，以应用这个设置，如图 10-10 所示。

图10-10

我们需要回忆内容逐渐显示又逐渐消失的效果，因此在中间调高不透明度，在结尾调低不透明度。调整完素材开头的不透明度后，我们将时间轴竖线拖动至回忆素材 1 的中间，调整素材的不透明度为 40 左右，调整完成后点击右下角的"√"图标。这时剪映 App 会自动在此处添加 1 个关键帧，如图 10-11 所示。

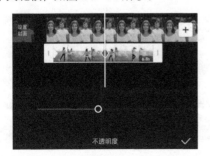

图10-11

这样第一段回忆过程就制作完成了。

拖动素材轨道，使时间轴竖线处于回忆素材 1 的结尾处，设置此处的不透明度为 0，然后点击右下角"√"图标。剪映 App 同样会在此处插入 1 个关键帧，如图 10-12 所示。

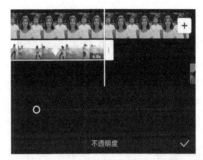

图10-12

拖动回忆素材 2，使它的结尾和主素材结尾对齐。这时回忆素材 2 和回忆素材 1 有一部分时间是重合的，正好可以实现一段回忆刚结束，另一段回忆就出现的效果，如图 10-13 所示。

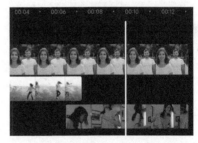

图10-13

选中回忆素材 2，按照处理回忆素材 1 的方式，在开头、中间和结尾设置不透明度和关键帧。设置完成后，第一种回忆效果就算制作完成了。

除了上面的回忆效果之外，还有另外一种回忆效果，就是主素材不变模糊，回忆素材在主素材的一侧播放的效果。下面我们对其进行介绍。

首先点击剪映 App 主界面的"开始创作"按钮，将 3 个素材添加到剪辑中。然后拖动素材轨道，使时间轴竖线处于 2s 左右的位置。选择主素材，点击界面下方的"分割"图标，将主素材分割为两个部分，如图 10-14 所示。

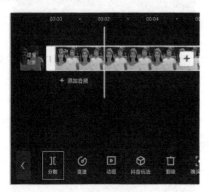

图 10-14

分割完成后，选中时间轴前的片段，然后点击界面下方的"删除"图标，删除开头我们不需要的片段，如图 10-15 所示。

图 10-15

拖动视频轨道，使时间轴竖线处于 7s 左右的位置。选中素材，点击"分割"图标，删掉主素材分割后时间轴后的部分。保留主素材 7s 左右的时长。然后我们以同样的方式分割两个回忆素材，使回忆素材和主素材保留同样的时长。

素材时长调整完成后，我们选中回忆素材 1，然后点击"切画中画"图标，如图 10-16 所示。

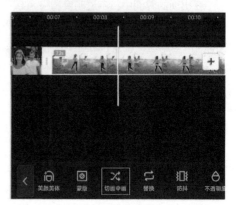

图 10-16

此时回忆素材 1 处于主素材下方的素材轨道中，回忆素材 2 出现在原来回忆素材 1 的素材轨道位置。然后我们继续选中回忆素材 2，点击"切画中画"图标，完成后的画面如图 10-17 所示。

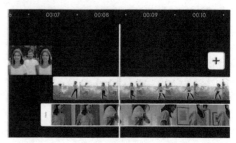

图 10-17

我们先拖动回忆素材 1，使它的开始时间和主素材的开始时间对齐，对齐时手机会有振动的提示。如果结尾没有对齐，我们可以手动拖动素材的调整框来调整回忆素材 1 的结束时间，使它和主素材结束时间对齐。对齐后的效果如图 10-18 所示。

图10-18

我们分别为两个回忆素材设置蒙版效果。首先选中回忆素材 1，点击界面下方的"蒙版"图标，如图 10-19 所示。

图10-19

在出现的蒙版选项中选中"圆形"蒙版。

按住蒙版中心的圆圈，可以移动蒙版的位置。

通过双指缩放可以调整蒙版的大小，我们也可以拖动圆形蒙版上方和右侧的调节箭头来调整蒙版的大小。双指缩放和拖动调节箭头的区别是，双指缩放时蒙版的形状不会发生变化，始终是正圆形的；而拖动调节箭头的话，我们可以将蒙版的形状调整成椭圆形。

另外，蒙版下方还有一个实箭头和虚箭头叠加的双箭头图标。拖动它可以调整蒙版的羽化值，向外拖动时增加羽化值，蒙版内的图像和外面图像的边界会变模糊；向内拖动时，则相反，蒙版内的图像和外面图像的边界会变得清晰。我们适当地向外拖动羽化箭头，使主素材和回忆素材的边界不那么明显。调整完成后，点击界面右下角的"√"图标，如图 10-20 所示。

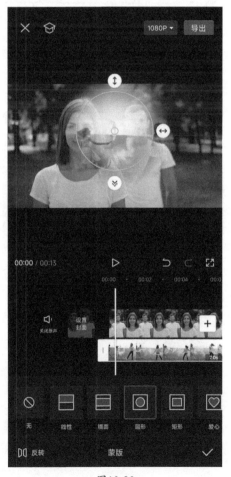

图10-20

这时我们看到的处理完成的回忆素材 1 画面处于预览窗口的中间，我们需要调整它的位置。选择回忆素材 1，然后在预览窗口中拖动，把它移动到预览窗口的右上角，如图 10-21 所示。

图10-21

这样回忆素材 1 的部分制作完成。我们把回忆素材 2 的开始时间和主素材对齐，如图 10-22 所示。

图10-22

我们选中回忆素材 2，点击界面下方的"蒙版"图标为回忆素材 2 添加蒙版。这里我们选择"爱心"蒙版，然后通过双指缩放调整蒙版的大小，拖动羽化箭头添加羽化效果。最后点击右下角的"√"图标，应用蒙版，如图 10-23 所示。

我们选中回忆素材 2，在预览窗口中拖动，使回忆素材 2 的部分显示在预览窗口的右下方，如图 10-24 所示。

图10-23

图10-24

这样，另一种回忆效果就制作完成了。本章只用了部分蒙版，后续我们可以根据需要来选择其他的蒙版进行尝试。

第11章

利用音乐卡点制作"炫酷"的短片

借助一张图片、特效和关键帧，利用音乐卡点，就可以剪辑出具有酷炫效果的视频。下面就通过一个实例介绍如何灵活运用相关功能制作出炫酷的短片。

11.1▶ 添加图片和音乐

打开剪映 App，点击"开始创作"按钮，在出现的界面中点击"照片"标签，选中图片，然后点击"添加"按钮，如图 11-1 所示。

导入图片后，我们可以看到图片出现在视频轨道内。点击视频轨道下方的"添加音频"按钮来添加音乐，如图 11-2 所示。

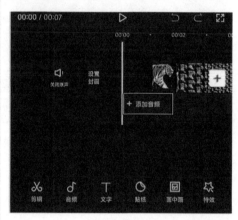

图11-2

点击"添加音频"按钮后，界面底部会出现添加音乐选项列表。点击"音乐"图标，如图 11-3 所示。

图11-1

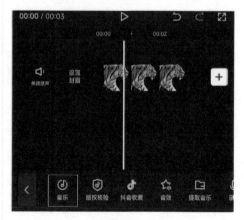

图11-3

在出现的界面中点击上方的文本框，如图 11-4 所示。

音乐的右侧就会出现"使用"按钮，如图 11-6 所示。

图11-4

图11-5

我们在文本框中输入要添加的音乐名称：save me 。然后点击界面右下角的"搜索"按钮，如图 11-5 所示。

在搜索出的结果中，点击音乐图标可以进行试听。为了更好地卡点，我们选择时长为 19s 的第二段音乐，点击右侧的"使用"按钮来选择。如果此前没有使用过这段音乐，我们需要先点击音乐右侧的下载图标将音乐下载到手机上。下载完成后，

图11-6

点击"使用"按钮后，音乐就被添加到素材轨道下面。

分割音乐和踩点

为了更好地突出卡点效果，我们需要对音乐进行分割，将不使用的一部分删掉。这段音乐需要删除的是女声出现之前的片段，大约在 5s 的位置。通过试听可以确定位置，如图 11-7 所示。

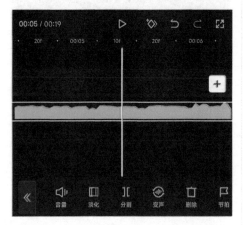

图11-7

选中音频轨道，使时间轴竖线处于女声刚出现的位置。点击界面下方的"分割"图标，选中分割后左侧的片段，然后点击界面下方的"删除"图标，如图 11-8 所示。

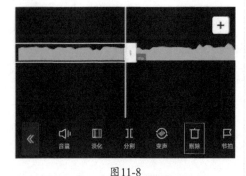

图11-8

删除完成后，音乐的前半部分就会出现空白轨道，我们需要调整音乐的位置。

拖动音频轨道，使它的开头对齐素材轨道的开头，如图 11-9 所示。

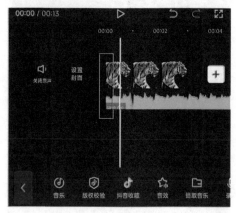

图11-9

为了使短片更有节奏感，我们需要对音乐进行卡点操作，使得短片的效果跟着音乐的节拍变化。这时我们需要对音乐进行踩点，剪映 App 可以对自己提供的音乐进行自动踩点的操作。我们选中音频轨道，点击界面底部的"节拍"图标，如图 11-10 所示。

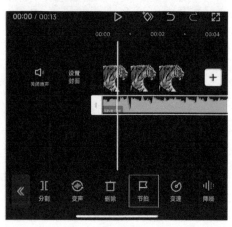

图11-10

然后在出现的界面中打开"自动踩点"这个开关，以实现自动踩点功能。选择"踩节拍Ⅱ"，这时音频轨道上会出现很多小黄点。这些小黄点对应的就是节拍Ⅱ，点击右下角的"√"图标确认节拍，如图 11-11 所示。

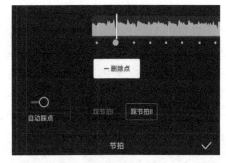

图 11-11

11.3 制作卡点动画

踩点完成之后，下一步就是跟着节拍插入动画。由于插入图片的默认素材时长是 3s，我们需要适当地将素材时长拉长。选中图片，然后按住图片右侧边框并向右拖动，将时长拖动到 7s 左右。

接下来介绍如何制作卡点动画。为了使卡点更加准确，我们可以在素材轨道上通过双指缩放操作把时间轴拉长，这样可以帮助我们制作更精准的卡点短片。拖动素材轨道区域，使时间轴竖线位于 1s 左右的卡点位置，然后选中素材轨道，点击下方的"分割 "图标，如图 11-12 所示。

此时我们将素材分成了两段，选中第一段素材，然后点击界面底部的"动画"图标，为素材添加入场动画。在弹出的入场动画界面中，向左滑动动画预览图标，找到并选中"缩小"这个效果，时长保持默认。点击右下角的"√"图标来应用动画效果，如图 11-13 所示。

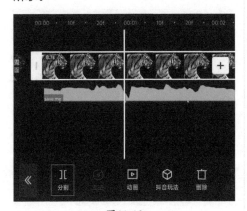

图 11-12

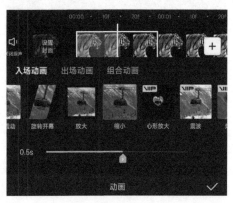

图 11-13

接下来为后面的画面添加复古胶片特效。拖动轨道使时间轴竖线位于第二段素材的开头。点击素材轨道的空白区域，使所有素材都处于未选中的状态。然后点击界面底部的"特效"图标，如图 11-14 所示。

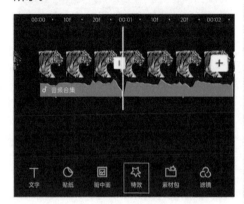

图11-14

在出现的菜单中点击"画面特效"图标，如图 11-15 所示。

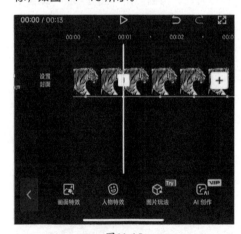

图11-15

在出现的特效选择界面中，点击"复古"分类。然后滑动屏幕找到"胶片滚动"特效，如图 11-16 所示。

选中这个特效后，特效的预览框被一层蒙版覆盖，出现"调整参数"字样。这

时我们不需要调整参数，直接按照剪映默认设置即可。点击特效界面右上角的"√"图标，应用这个特效，如图 11-17 所示。

图11-16

图11-17

之后我们回到剪辑的主界面。会发现素材轨道下方多出了一个特效轨道，如图 11-18 所示。

图11-18

然后拖动特效轨道，使时间轴竖线位于下一个节拍处。点击轨道空白区域，不选中任何对象。点击界面底部的"画面特效"图标，如图 11-19 所示。

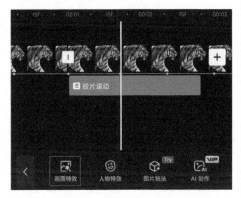

图11-19

在出现的界面中按照添加第一个特效的方法，选择"胶片滚动"特效并应用。应用完成后，素材轨道下方出现了第二个特效轨道，如图 11-20 所示。

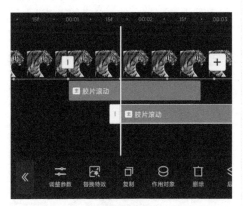

图11-20

我们继续拖动特效轨道，使时间轴竖线位于下一个节拍处。然后点击轨道的空白区域，取消对胶片滚动轨道的选择。点击界面底部的"画面特效"图标，参照前面的方法为素材添加第三个特效轨道，添加完成后的效果如图 11-21 所示。

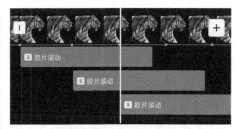

图11-21

下一步调整特效轨道的时长。选中第一条胶片滚动轨道，然后拖动轨道右侧的边框，使它对齐 3 ~ 4s 中间处的节拍。按照同样的方法，把另外两条胶片滚动轨道的时长都对齐这个节拍，完成后的效果如图 11-22 所示。

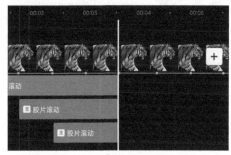

图11-22

这样胶片滚动卡点的部分就完成了，我们运用音乐卡点做下一组效果。首先在素材卡点结束的位置做分割，点击素材，然后点击界面底部的"分割"图标，如图 11-23 所示。

分割完成后，剪映 App 自动选取素材右侧的部分，下一步我们要制作出图像明暗变化的效果，这需要借助关键帧功能来实现。点击预览窗口下方的"插入关键帧"图标，如图 11-24 所示。

图11-23

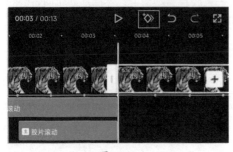

图11-24

插入关键帧完成后，拖动素材轨道，使时间轴竖线位于下一个节拍处。然后点击界面底部的"不透明度"图标，如图11-25所示。

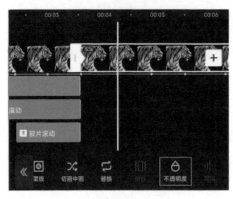

图11-25

在出现的不透明度调整界面中，我们向左拖动圆形滑块，将不透明度调整为60左右。然后点击右下角的"√"图标，如图11-26所示。

图11-26

拖动轨道，使时间轴竖线位于下一个节拍处，用同样的方法将这个节拍的不透明度调整为100。继续拖动素材轨道，将下一个节拍处的不透明度设置为60。再拖动轨道，将下一个节拍的不透明度设置为100。这样画面明暗变化的效果就实现了。

为了让节拍感更加明显，我们为后半段素材设置抖动特效。拖动素材轨道，让时间轴竖线位于第三段素材的开始位置。然后点击素材轨道空白处，点击界面底部的"特效"图标。在弹出的菜单中点击"画面特效"图标，在弹出的特效选择界面中选择"动感"分类的"抖动"特效，如图11-27所示。

图11-27

点击界面右上角的"√"图标，应用抖动特效。我们需要调整抖动特效的时长，使其大约为三分之一个节拍的长度，调整完后的效果如图11-28所示。

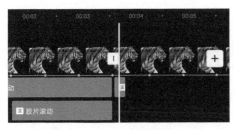

图11-28

使用同样的方法依次在后面 4 个节拍处添加同样时长的抖动特效。添加完成后的效果如图 11-29 所示。

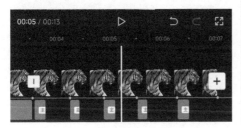

图11-29

为了让画面的变化更加平滑，我们需要给第三段素材添加一个出场动画。选中这段素材，然后点击界面底部的"动画"图标。点击"出场动画"标签，选中"渐隐"效果，点击右下角的"√"图标进行应用，如图 11-30 所示。

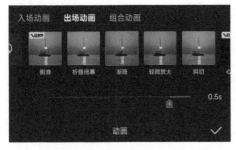

图11-30

现在素材部分处理完了，但是音乐的

长度比素材的长度长一些，我们需要把多出的部分删掉。回到剪辑主界面，选中音频轨道。在素材的结束处，我们对音乐进行分割，然后点击"删除"图标来删除后面的部分，如图 11-31 所示。

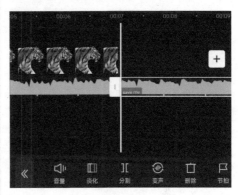

图11-31

这时音乐结束得有点儿突然，我们可以使用淡化功能来实现音乐的淡出效果。选中音乐，点击界面下方的"淡化"图标，设置淡出时长为 0.5s 左右，如图 11-32 所示。

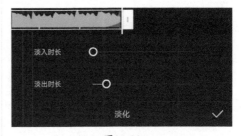

图11-32

到这里，这个利用音乐卡点制作动画效果的短片就完成了。本章主要用到的功能是关键帧、节拍、特效等。随着我们对剪映 App 功能的熟悉，可以做出更加精美的视频。

第12章

利用蒙版制作特效

剪映 App 的蒙版是一个非常重要的功能，本章将介绍利用剪映 App 的蒙版来制作分屏特效的方法。常用的分屏特效有竖向分屏特效和横向分屏特效两种，下面分别对其进行介绍。

12.1 ▶ 竖向分屏特效

首先打开剪映 App，然后点击界面上方的"开始创作"按钮，如图 12-1 所示。

图12-1

在出现的界面中点击"照片"标签，然后点击素材右上方的小圆圈选中要导入的素材。小圆圈中的数字表示素材导入的顺序，如图 12-2 所示，点击界面右下角的"添加"按钮。

这时素材就被导入剪映 App 的剪辑轨道了。由于我们需要做四分屏特效，所以添加了 4 个素材。后续如果想做其他的分屏特效，可以根据需要来添加相应数量的素材。

图12-2

点击选中第一个素材，然后点击屏幕下方的"蒙版"图标，如图 12-3 所示。

图12-3

之后界面下方会出现蒙版选项，我们选择"矩形"蒙版。此时在界面中间的预览窗口中看到的黄色方框就是蒙版的调整方框，如图 12-4 所示。

按住蒙版右侧的箭头左右拖动，可以调整蒙版的宽度。我们将蒙版的宽度调整为画面的四分之一大小左右。然后按住蒙版上面的箭头向上拖动，让蒙版的高度覆盖整个画面，如图 12-5 所示。

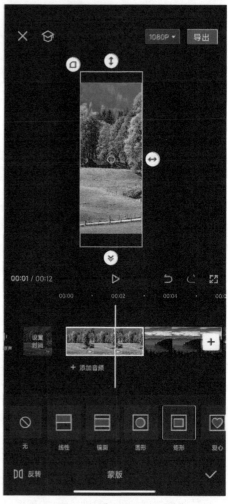

图12-5

按住蒙版中心的黄色圆圈，向左拖动蒙版到画面的左侧，使它覆盖大约四分之一的画面。然后点击界面右下角的"√"图标，如图 12-6 所示。

图12-4

图12-6

为第一个素材设置入场动画效果。选中第一个素材，然后点击界面下方的"动画"图标，如图 12-7 所示。

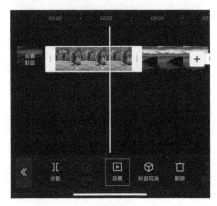

图12-7

在出现的动画界面中选择入场动画，然后选择"向上滑动"的入场动画效果。拖动下方滑块，将动画时长设置为 1.0s，然后点击界面右下角的"√"图标，如图 12-8 所示。

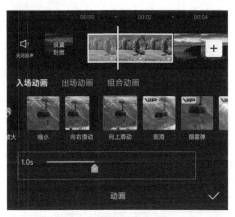

图12-8

第一个素材到现在就处理完了。

下面开始处理第二个素材，选中素材轨道上的第二个素材，然后点击界面下方的"切画中画"图标，如图 12-9 所示。

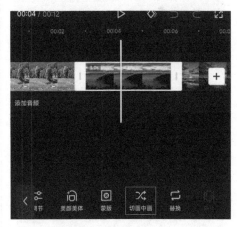

图12-9

完成后第二个素材移动到了新的素材轨道，新轨道位于当前素材轨道的下方，如图 12-10 所示。

图12-10

按住并拖动第二个素材，使它和第一个素材的开始时间对齐，如图12-11所示。

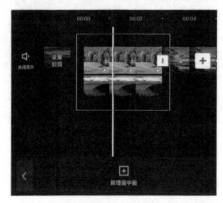

图12-11

选中第二个素材，然后点击界面下方的"蒙版"图标，为第二个素材设置蒙版，如图12-12所示。

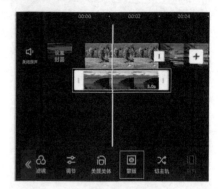

图12-12

在出现的蒙版选项中选择"矩形"蒙版，如图12-13所示。

图12-13

拖动蒙版右侧的箭头，调整蒙版的宽
度大约为画面四分之一的大小。然后拖动
蒙版上方的箭头，调整蒙版的高度，使它
覆盖整个画面。最后拖动蒙版，使它和第
一个蒙版位置靠近。为了有更好的视觉效
果，我们要在两个蒙版之间留一个空隙。
设置完成后点击界面右下方的"√"图标，
如图 12-14 所示。

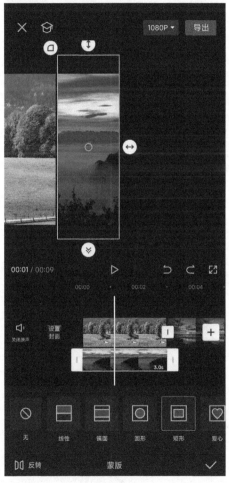

图12-14

蒙版设置完成后，继续设置入场动画
效果。选中第二个素材，然后点击界面下
方的"动画"图标，如图 12-15 所示。

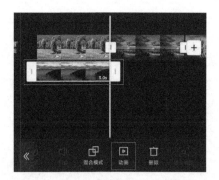

图12-15

为了达到更好的视觉效果，我们为第二
个素材设置不一样的入场动画效果。在出现
的动画选择界面中，选中"入场动画"标签，
然后选中"向下滑动"效果。拖动下方的滑
块，将动画时长设置为 1.0s。最后点击界
面右下角的"√"图标，如图 12-16 所示。

图12-16

接下来处理第三个素材。选中第三个素材，然后点击界面下方的"切画中画"图标，如图 12-17 所示。

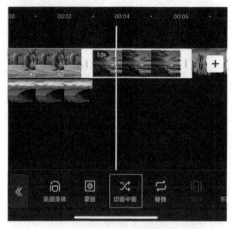

图12-17

完成后，素材在素材轨道上的位置如图 12-18 所示。

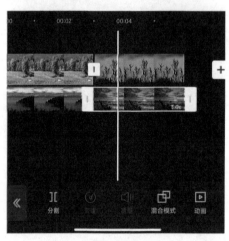

图12-18

由于我们做分屏特效，需要画面叠加显示，所以对第三个素材的素材轨道进行调整。按住并向下拖动第三个素材，使它位于所有素材轨道的下方并和前两个素材对齐，如图 12-19 所示。

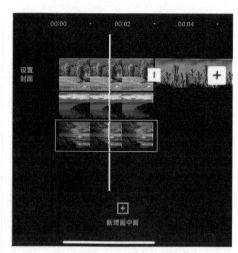

图12-19

选中第三个素材，然后点击界面下方的"蒙版"图标，为第三个素材添加蒙版，如图 12-20 所示。

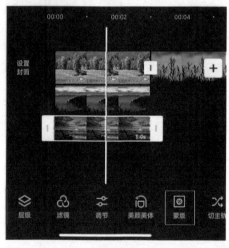

图12-20

在出现的蒙版选项中，选中"矩形"蒙版，如图 12-21 所示。

按照与前两个素材同样的方式调整蒙版的宽度和高度。最后调整蒙版的位置，需要和前一个素材之间留有空隙，点击界面右下角的"√"图标，如图 12-22 所示。

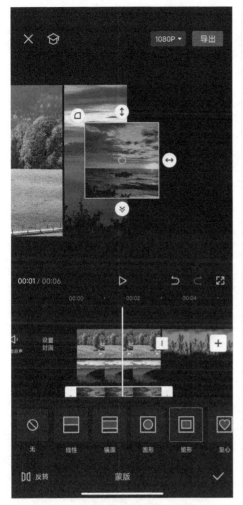

图12-21

图12-22

接下来设置第三个素材的入场动画。选中第三个素材，然后点击界面下方的"动画"图标，如图 12-23 所示。

在出现的动画选择界面中点击"入场动画"标签，然后选中"向上滑动"效果。拖动下方的滑块，将动画时长设置为 1s。最后点击界面右下角的"√"图标，如图 12-24 所示。

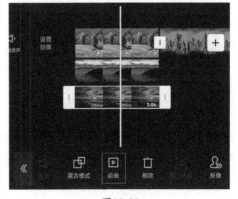

图12-23

图 12-24

选中第四个素材，然后点击界面下方的"切画中画"图标，如图 12-25 所示。

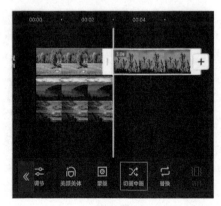

图 12-25

完成后的素材轨道界面如图 12-26 所示。

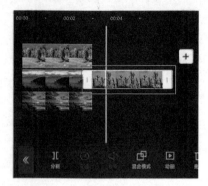

图 12-26

为实现分屏特效，我们需要移动第四个素材。按住并拖动第四个素材，使它位于所有素材轨道下方，并且其开始时间和之前的素材对齐，如图 12-27 所示。

图 12-27

由于最后的图层不位于素材的最上方显示，我们需要调整图层的显示设置。选中第四个素材所在的图层，然后点击界面下方的"层级"图标，如图 12-28 所示。

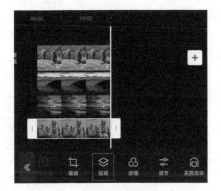

图12-28

此时界面下方预览框内会显示除了主素材轨道外的其他图层的缩略图，如图 12-29 所示。

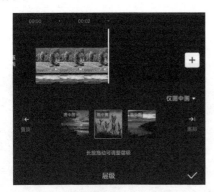

图12-29

按住红框中的图层并向左拖动，将它移动到最左侧；也可以直接点击左侧的"置顶"图标，处理完成后的界面如图 12-30 所示。

点击界面右下角的"√"图标来退出当前界面。选中第四个素材所在的图层，然后点击界面下方的"蒙版"图标，如图 12-31 所示。

图12-30

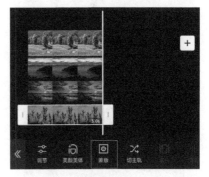

图12-31

在出现的蒙版选项中，选择"矩形"蒙版，如图 12-32 所示。

此时调整蒙版的宽度和高度，调整完成后将蒙版拖动到屏幕最右侧，最后点击界面右下角的"√"图标，如图 12-33 所示。

图12-32

退出蒙版选项后，点击界面下方的"动画"图标，为素材设置入场动画，如图12-34所示。

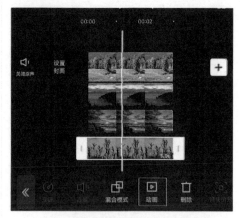

图12-34

然后在动画选择界面中选择入场动画，选择"向下滑动"的动画效果。拖动下方的滑块将动画时长设置为1.0s。设置完成后，点击界面右下角的"√"图标，如图12-35所示。

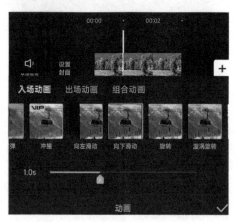

图12-35

竖向分屏特效的制作到此就完成了。

图12-33

12.2▶ 横向分屏特效

下面制作横向分屏特效的动画，点击素材轨道右侧的添加素材按钮，如图 12-36 所示。

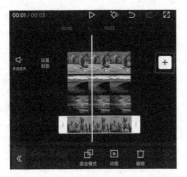

图12-36

在出现的素材选择界面中，点击"照片"标签，点击图片右上角的小圆圈来选择 4 张图片，如图 12-37 所示，点击界面右下角的"添加"按钮。

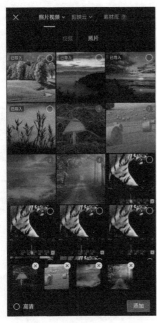

图12-37

素材会全部添加到主素材轨道上面并依我们选择的顺序排列，导入的素材在素材轨道上的分布如图 12-38 所示。

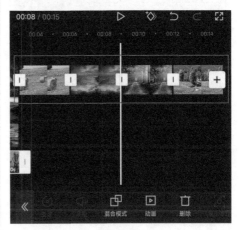

图12-38

选中第一个素材，然后点击界面下方的"蒙版"图标，如图 12-39 所示。

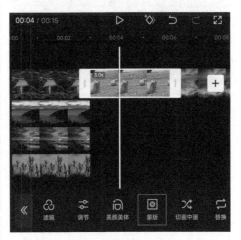

图12-39

这次我们选择另一个蒙版来实现横向分屏特效。在出现的蒙版选项中，选择"镜面"蒙版，如图 12-40 所示。

图12-40

通过双指缩放来调整蒙版的高度，并
使它的宽度大约为四分之一屏幕高度。然
后按住蒙版中间的黄色圆圈，将蒙版移动
到屏幕上方，如图 12-41 所示，点击界
面右下角的"√"图标。

蒙版设置完成后，开始为素材设置
入场动画效果。点击界面下方的"动画"
图标，如图 12-42 所示。

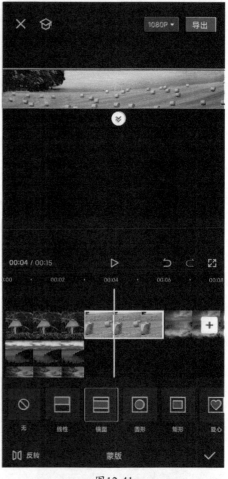

图12-41

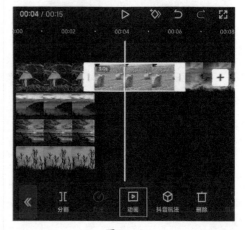

图12-42

为适配横向分屏特效，这次选择"向右滑动"入场动画，拖动界面下方滑块将动画时长设置为 1.0s，如图 12-43 所示，完成后点击右下角的"√"图标。

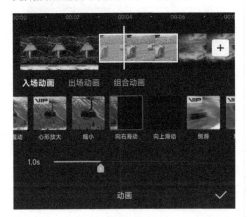

图12-43

第一个素材的设置到此完成，下面开始剪辑第二个素材。选中素材，然后点击界面下方的"切画中画"图标，如图 12-44 所示。

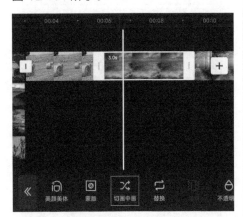

图12-44

此时该素材轨道会移动到下方，拖动该素材轨道与前面的素材轨道对齐，对齐时手机会有振动提示。完成对齐后选中这个素材，点击界面下方的"蒙版"图标，如图 12-45 所示。

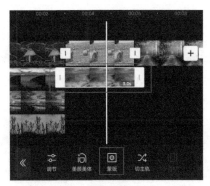

图12-45

在出现的蒙版选项中选择"镜面"蒙版，蒙版大小调整方法和上一个素材的一致。将蒙版移动到屏幕中央偏上的位置，如图 12-46 所示，点击界面右下角的"√"图标。

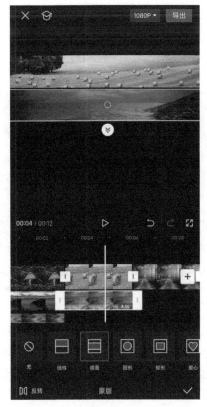

图12-46

继续选中这个素材，点击界面下方的"动画"图标。在出现的动画选择界面中选择"向左滑动"入场动画，拖动下方滑块将动画时长设置为 1.0s，如图 12-47 所示，点击右下角的"√"图标。

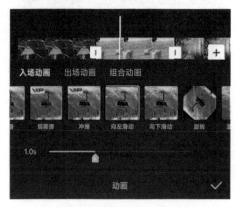

图12-47

接下来处理第三个素材。选择第三个素材，然后点击界面下方的"切画中画"图标，出现的界面如图 12-48 所示。

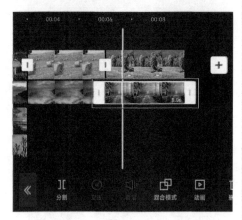

图12-48

将它拖动到第二个素材的下方，并将它们的开始时间对齐。对齐时手机会有振动提示。选中对齐的素材，点击界面下方的"蒙版"图标，如图 12-49 所示。

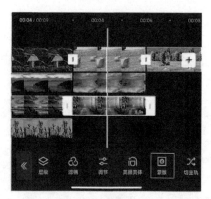

图12-49

在出现的蒙版选项中，选择"镜面"蒙版，调整蒙版高度大约为四分之一画面高度。然后将蒙版移动到屏幕中间靠下的位置，调整完成后，如图 12-50 所示，点击界面右下角的"√"图标。

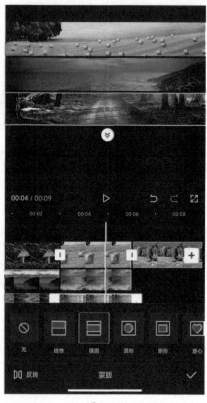

图12-50

继续选中当前素材，点击界面下方的"动画"图标，在出现的界面中选择"向右滑动"入场动画。然后将动画时长设置为 1.0s，如图 12-51 所示，设置完成后点击界面右下角的"√"图标。

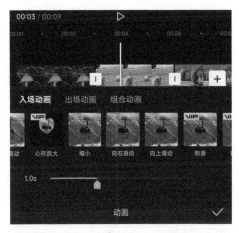

图12-51

选中主素材轨道上的第四个素材，点击界面下方的"切画中画"图标。然后将切换素材轨道后的第四个素材拖动到最下方的素材轨道上，并将它与前面的素材对齐，效果如图 12-52 所示。

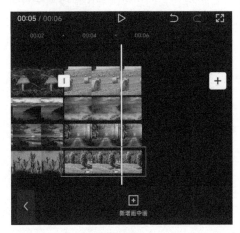

图12-52

由于需要将第四个素材显示在最上方，选中这段素材，点击界面下方的"层级"图标，如图 12-53 所示。

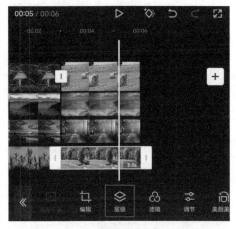

图12-53

在出现的层级界面中，选中当前素材，点击"置顶"图标，如图 12-54 所示。

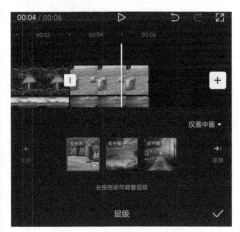

图12-54

选中这个素材，点击界面下方的"蒙版"图标，在弹出的蒙版选项中选中"镜面"蒙版。调整蒙版的大小，然后将蒙版移动到画面的最下方，如图 12-55 所示。

图 12-55

调整完成后，点击界面右下角的"√"图标。

最后为第四个素材设置入场动画。选中当前素材，点击界面下方的"动画"图标，在弹出的动画选择界面中选择"向左滑动"入场动画，然后拖动下方滑块，调整动画时长为 1.0s，如图 12-56 所示，调整完成后点击界面右下角的"√"图标。

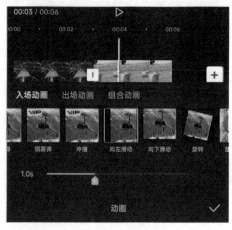

图 12-56

这样横向分屏特效就制作完成了。

此外，我们还可以利用模板制作斜向分屏特效，读者可以自行尝试。

第13章

画面的线性
转场制作

本章将介绍如何利用剪映 App 提供的剪辑工具，通过前景作为遮罩，利用前景画面主体的移动，将当前场景过渡到另外一个场景，实现两个场景之间的无缝切换。

13.1 ## 主体同向移动转场

　　打开剪映 App，点击"开始创作"按钮，如图 13-1 所示。

　　在出现的界面中点击素材右上角的小圆圈，选择需要导入的视频，如图 13-2 所示，然后点击界面右下角的"添加"按钮，将素材导入剪辑轨道中。

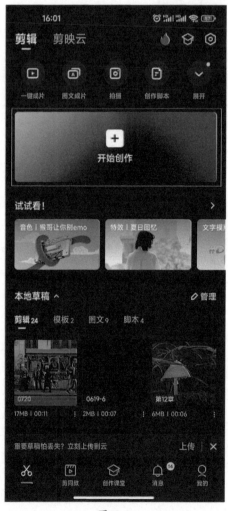

图13-1

图13-2

第一段素材的画面是一辆公交车从右向左行驶，第二段素材的画面是一位女士傍晚散步。我们需要呈现的效果是，随着巴士的移动，第二段素材的画面跟着巴士的尾部逐渐显示出来。

首先调整素材轨道，向左滑动轨道，找到并选中第二段素材。然后点击界面下方的"切画中画"图标，如图 13-3 所示。

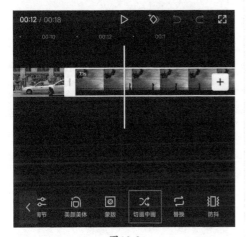

图13-3

此时第二段素材轨道就被切换到了下方。

拖动素材轨道，使时间轴竖线位于公交车尾部刚刚出现在画面最右侧的位置，这个位置是画面开始切换的位置，记下大致的时间为 00:04。时间轴竖线位于预览窗口显示的后车轮位置，如图 13-4 所示。

拖动第二段素材，使它对齐到我们刚才记下的位置，如图 13-5 所示。

此时两边的时间只是大致对齐，为了有更好的视觉效果，我们需要对齐得更精准一些。

图13-4

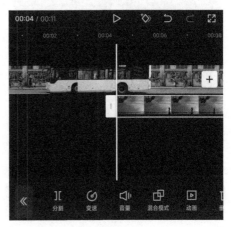

图13-5

通过双指缩放来放大时间轴,将时间轴放大到最大,拖动素材使时间轴竖线位于巴士尾部出现的位置。然后拖动第二段素材,将它和时间轴竖线对齐,对齐时手机会有振动提示,如图 13-6 所示。

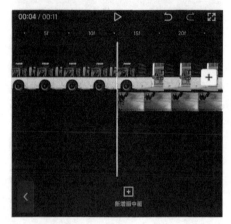

图 13-6

对齐后进行添加蒙版的操作。选中第二段素材,然后点击界面下方的"蒙版"图标,如图 13-7 所示。

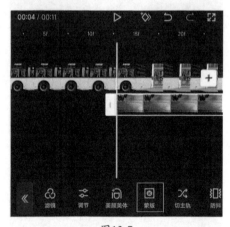

图 13-7

在弹出的蒙版选项中,我们选中"线性"蒙版。此时预览窗口中出现一条黄色的横线将画面分成上、下两部分,如图 13-8 所示。

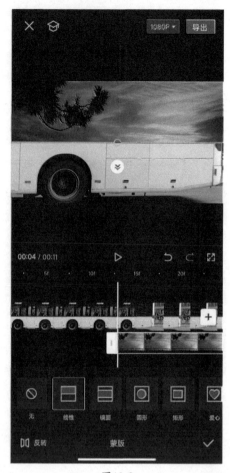

图 13-8

使用双指按照顺时针方向旋转调整蒙版的角度,由于巴士的尾部有一些倾斜,我们将蒙版的角度调整为 91° 左右,并将它拖到画面的最右侧。为了使画面的过渡更加自然,我们稍微向左拖动蒙版左侧的白色圆点(调整蒙版羽化的一个控制点,圆点内部有一虚一实 2 个箭头),使公交车的尾部颜色稍微变色。设置完成后,点击界面右下角的"√"图标,如图 13-9 所示。

选中第二段素材,然后点击预览窗口下方的添加关键帧图标,在素材开头添加一个关键帧,如图 13-10 所示。

图13-9

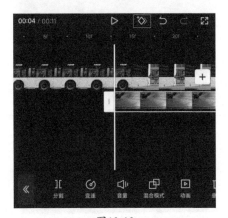

图13-10

此时素材轨道上会有菱形图标，如
图 13-11 所示。

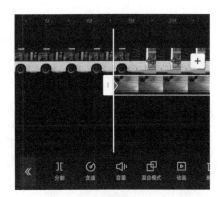

图13-11

添加关键帧完成后，向左拖动素材轨
道。等公交车尾部向左移动一段距离后，
选中第二段素材，点击界面下方的"蒙版"
图标，如图 13-12 所示。

图13-12

在出现的蒙版编辑界面中，向左拖动蒙版使它紧贴公交车尾部。调整蒙版位置完成后，点击界面右下角的"√"图标，如图 13-13 所示。

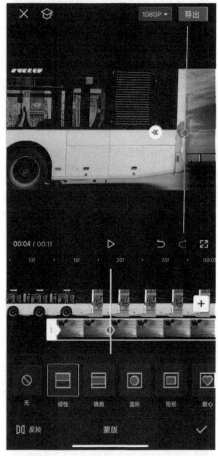

图13-13

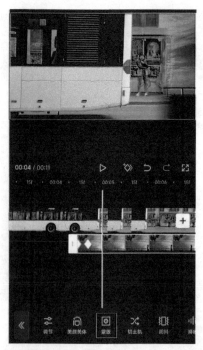

图13-14

继续向左拖动素材轨道，让公交车尾部再次向左移动一段距离，选中第二段素材，点击界面下方的"蒙版"图标，如图 13-14 所示。

在出现的蒙版编辑界面中，拖动蒙版到公交车尾部，使两段素材的画面融合。调整完成后点击界面右下角的"√"图标，如图 13-15 所示。

图13-15

重复上面的拖动素材轨道、让公交车移动、选中第二段素材、移动蒙版的步骤。如果想要效果好些，可以每使公交车移动一小段距离，就调整对应的蒙版。

最后直到公交车尾部刚好移出屏幕的边缘位置，如图 13-16 所示。

选中第二段素材，点击界面下方的"蒙版"图标，移动蒙版到图像边缘位置。然后点击界面右下角的"√"图标，如图 13-17 所示。

图13-17

至此，主体同向移动转场的效果就制作完成了。

图13-16

13.2 ▶ 主体异向移动转场

前面是在两个素材的主体移动方向一致的情况下设置转场。下面将介绍在两个素材主体移动方向不一致的情况下如何设置转场。

打开剪映 App，点击"开始创作"按钮，在出现的界面中选择素材。选择完成后点击右下角的"添加"按钮，将素材添加到剪辑轨道中，如图 13-18 所示。

我们以公交车广告牌的移动方向来设置转场，后续利用剪映 App 的镜像功能改变画面的方向来解决主体移动方向不一致的问题。

首先移动素材，定位到广告牌左侧刚出现在画面中的时间，如图 13-19 所示。

图13-18

我们可以看到第一段素材中公交车的广告牌是从左向右移动的，而第二段素材中人物是从右向左移动的。如果此时仍采用前面的转场操作，会使画面显得不太协调。

图13-19

选中第二段素材，然后点击界面下方的"切画中画"图标，如图 13-20 所示。

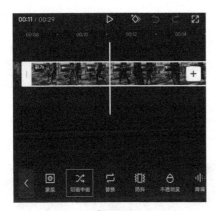

图13-20

将这段素材轨道切换到下方。按住并拖动素材，将素材的开始时间和广告牌左侧刚出现在画面中的时间对齐，如图 13-21 所示。对齐时手机会有振动提示。

图13-21

此时画面中的人物是从右向左移动的，我们需要调整人物移动的方向。选中第二段素材，然后点击界面下方的"编辑"图标，如图 13-22 所示。

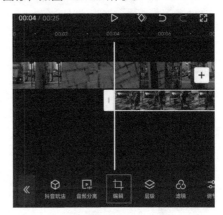

图13-22

在出现的界面中，点击"镜像"图标，如图 13-23 所示。

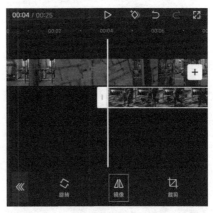

图13-23

这时画面被镜像反转，人物的移动方向变成了从左向右。此时点击轨道的空白处，退出编辑界面。

接下来开始转场的制作。在素材轨道中进行双指缩放操作，将时间轴放大到最大。选中第二段素材，然后点击界面下方的"蒙版"图标，为素材添加蒙版，如图 13-24 所示。

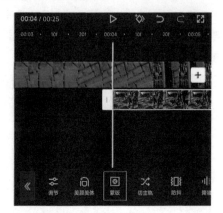

图13-24

在出现的蒙版选项中选中"线性"蒙版，如图 13-25 所示。

图13-25

由于转场遵循从左向右的方向，这次需要逆时针旋转蒙版，使它的角度大约为 -92°，然后将蒙版移动到屏幕最左侧。向右拖动蒙版右侧的羽化图标，为画面增加羽化效果，使两个画面之间的过渡更自然。调整完成后点击界面右下角的"√"图标，如图 13-26 所示。

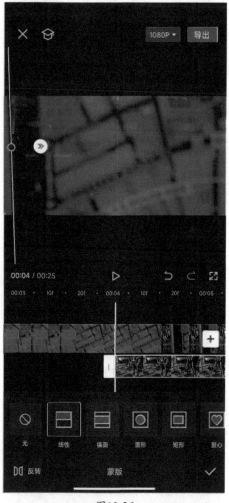

图13-26

继续选中第二段素材，点击预览窗口下方的添加关键帧图标为素材添加关键帧，如图 13-27 所示。

图13-27

拖动素材，使广告牌向右移动一段距离。然后选中第二段素材，点击界面下方的"蒙版"图标，如图 13-28 所示。

图13-28

在出现的界面中移动蒙版位置到广告牌的边缘，如图 13-29 所示，然后点击界面右下角的"√"图标。

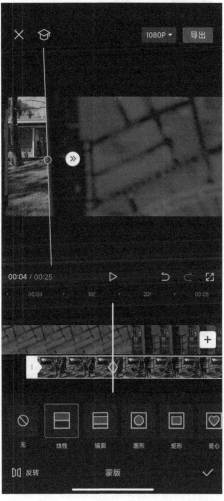

图13-29

继续拖动素材，使广告牌向右移动一段距离。然后选中第二段素材，点击界面下方的"蒙版"图标，如图 13-30 所示。

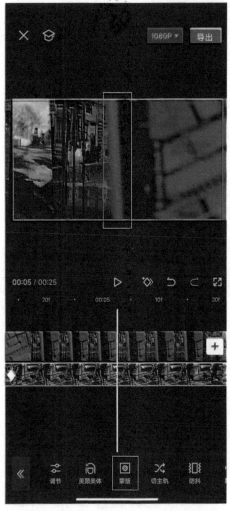

图13-30

图13-31

在出现的界面中,拖动蒙版并使蒙版对齐广告牌的边缘,如图13-31所示。然后点击界面右下角的"√"图标。

继续按照上面的步骤拖动素材并调整蒙版位置,如图13-32所示。

最后将素材拖动至广告牌刚离开画面的位置,然后调整蒙版位置到画面最右侧,点击"√"图标,如图13-33所示。

这时主体异向移动转场效果就制作完成了。后期可以根据需要添加音乐和文字等来丰富转场的效果。

图13-32

图13-33

第14章

画面渐变的
效果

本章将讲解 4 种画面渐变的效果，通过不同的转场来实现色彩的渐变。

14.1 ▶ 画面沿线条移动的渐变

首先打开剪映 App，点击"开始创作"按钮，在出现的素材选择界面中选择素材，然后点击右下方的"添加"按钮来导入素材，如图 14-1 所示。

我们将素材复制一份。选中素材，点击界面下方的"复制"图标，如图 14-2 所示。

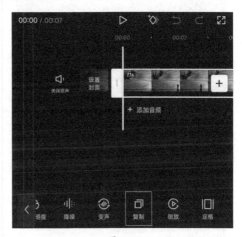

图14-2

复制后的素材会自动添加到当前素材的后面，如图 14-3 所示。

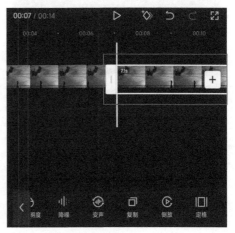

图14-3

图14-1

选中复制的素材，点击界面下方的"切画中画"图标，将素材轨道切换至下方，如图 14-4 所示。

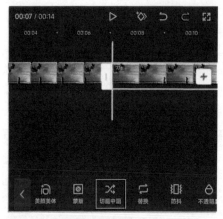

图14-4

然后将下方素材轨道的素材和上方素材轨道的素材对齐，如图 14-5 所示。

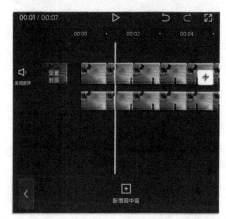

图14-5

接下来需要将下方素材轨道的素材变成黑白色调。选中素材，然后点击界面下方的"调节"图标，如图 14-6 所示。

在调节界面中选中"饱和度"，然后拖动圆形滑块到最左侧，将饱和度调到最低，值为 −50。这时画面变成了黑白色调，调整完成后，点击右下角的"√"图标，

如图 14-7 所示。

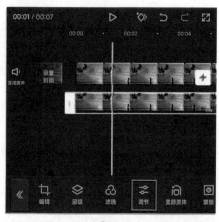

图14-6

图14-7

　　为方便后面的演示，我们将变为黑白色调的素材分割。将时间轴竖线拖动到1s20f 左右的位置，然后点击界面下方的"分割"图标，如图 14-8 所示。

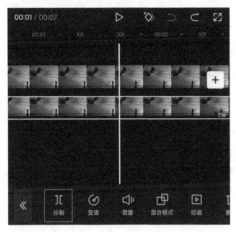

图14-8

　　为分割后的第一段素材添加蒙版。选中分割后的第一段素材，然后点击界面下方的"蒙版"图标，如图 14-9 所示。

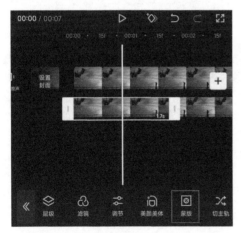

图14-9

　　在出现的蒙版选项中选中"线性"蒙版，这时预览窗口会出现一条横线，选择完成后点击界面右下角的"√"图标，如图 14-10 所示。

图14-10

　　拖动素材，使时间轴竖线位于素材的开头，然后点击添加关键帧图标，如图 14-11 所示。

　　此时素材轨道上会出现菱形图标，我们点击界面下方的"蒙版"图标后，会弹出蒙版编辑界面。在预览窗口中点击并稍微向下拖动羽化图标，给画面添加羽化效果，使黑白素材和彩色素材之间的分界变淡，如图 14-12 所示。

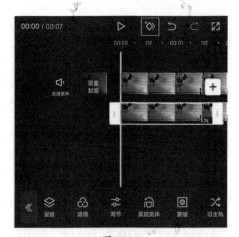

图14-11

拖动蒙版横线，使横线位于预览窗口的最下方，然后点击界面右下角的"√"图标，如图14-13所示。

图14-13

拖动素材，使时间轴竖线位于第一段黑白素材的结尾，然后点击界面下方的"蒙版"图标，如图14-14所示。

图14-12

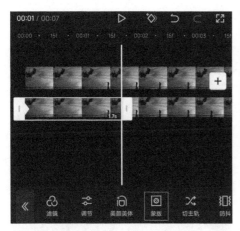

图14-14

此时会出现蒙版编辑界面，在预览窗口中拖动蒙版，使它位于画面最上方，如图 14-15 所示。然后点击界面右下角的"√"图标。

此时画面沿线条从下方到上方的渐变效果的制作就完成了。我们还可以调整蒙版的方向，使画面从上到下或者从左到右来渐变，大家可以自行思考如何制作。

图14-15

14.2 画面从中间展开的渐变

下面介绍如何制作画面从中间展开的渐变。为方便后续剪辑，我们先对素材进行分割。选中下方素材轨道的后半段素材，拖动时间轴竖线，使其位于 3s15f 处，然后点击界面下方的"分割"图标，将素材分割，如图 14-16 所示。

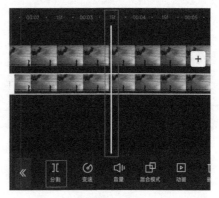

图14-16

选中分割后素材的前半段，拖动素材，使时间轴竖线位于本段素材的开头或者靠后一些的位置，如图 14-17 所示。然后点击添加关键帧图标。

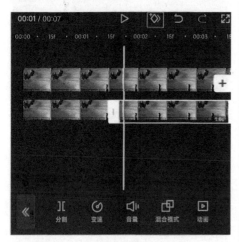

图14-17

此时素材轨道上会出现菱形图标。下面开始为素材添加蒙版，选中素材，找到并点击界面下方的"蒙版"图标，如图 14-18 所示。

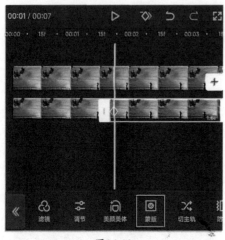

图14-18

在出现的界面中，选中"镜面"蒙版，此时预览窗口中间为黑白素材，上、下两边为彩色素材，如图 14-19 所示。

图14-19

我们需要做一个彩色素材从中间向两边展开的渐变，这时需要对蒙版进行反转。点击界面左下角的"反转"图标，对蒙版进行反转，蒙版进行反转后，屏幕中间为彩色素材，上、下两边为黑白素材，如图 14-20 所示。

图14-20

图14-21

通过双指缩放将蒙版调整到最窄，然后稍微拖动蒙版旁边的羽化图标，为画面添加羽化效果，使黑白素材和彩色素材的分界变得不明显，如图 14-21 所示。调整完成后点击界面右下角的"√"图标。

拖动素材轨道，使时间轴竖线位于素材快要结束的位置，然后点击界面下方的"蒙版"图标，如图 14-22 所示。

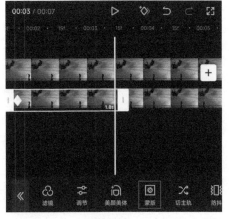

图14-22

在蒙版编辑界面中，通过双指缩放将蒙版拉大，使整个彩色画面显现出来，如图 14-23 所示。然后点击界面右下角的"√"图标。

此时画面从中间向上、下展开的渐变效果就制作完成了。如果我们调整蒙版的方向，还可以制作从中间向左、右展开的渐变效果。

图 14-23

14.3▸ 画面沿图形展开的渐变

画面除了可以按照线性渐变外，还可以沿图形的展开进行渐变。

首先拖动素材，使时间轴竖线位于 5s 左右。然后选中下方轨道的素材，点击界面下方的"分割"图标来分割素材，如图 14-24 所示。

选中分割后素材的前半段，拖动轨道，使时间轴竖线位于选中素材的开头靠后一些的位置，点击添加关键帧图标，为素材添加关键帧，如图 14-25 所示。

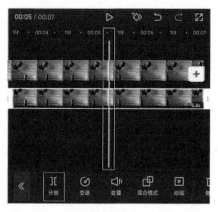

图 14-24

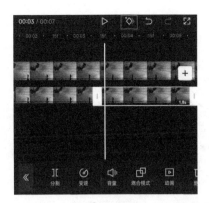

图14-25

添加关键帧完成后，素材轨道上会出现一个菱形图标。然后我们点击界面下方的"蒙版"图标为素材添加蒙版。点击"蒙版"图标后会出现蒙版编辑界面，选中"圆形"蒙版，如图 14-26 所示。

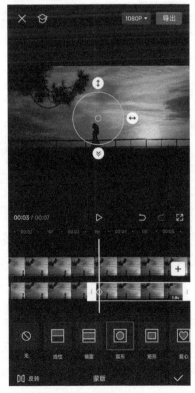

图14-26

为实现彩色素材从内到外的渐变效果，我们需要对蒙版进行反转。点击界面左下角的"反转"图标，对蒙版进行反转，反转后的蒙版如图 14-27 所示。

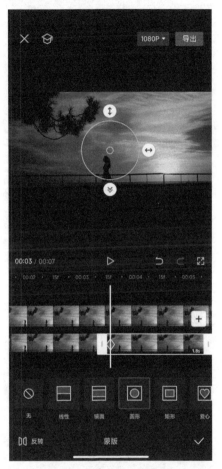

图14-27

通过双指缩放将蒙版缩至最小，然后稍微拖动蒙版旁边的羽化图标调整羽化效果，最后点击界面右下角的"√"图标，如图 14-28 所示。

拖动素材轨道，使时间轴竖线位于素材快要结束的位置，然后点击界面下方的"蒙版"图标来调整蒙版，如图 14-29 所示。

在蒙版编辑界面中，通过双指缩放将蒙版扩大，使彩色素材完全显示，如图14-30所示。然后点击界面右下角的"√"图标。

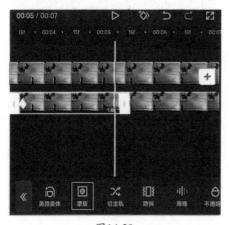

图14-28

图14-30

图14-29

此时画面沿图形展开的渐变效果就制作完成了。我们还可以在蒙版选项中选中其他形状的蒙版来实现其他形状的渐变效果。

画面按不透明度的渐变

最后介绍画面按不透明度来渐变的实现方法。

拖动素材轨道，使时间轴竖线位于最后一个黑白素材的开头，然后选中这个素材，点击添加关键帧图标，如图 14-31 所示。

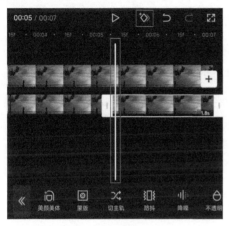

图14-31

拖动素材，使时间轴竖线位于素材快要结束的位置，点击界面下方的"不透明度"图标，如图 14-32 所示。

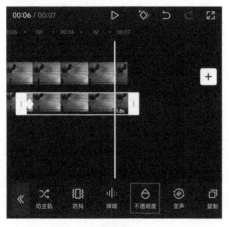

图14-32

在出现的不透明度设置界面中，拖动圆形滑块到最左侧，使不透明度为 0，然后点击界面右下角的"√"图标，如图 14-33 所示。

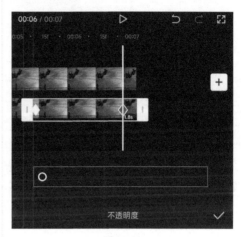

图14-33

此时画面按不透明度的渐变效果就制作完成了。本章介绍了 4 种画面渐变的效果，后续我们可以自行根据关键帧和蒙版等各种工具来实现更加炫酷的渐变效果。

第15章

立体感相册的制作

本章将主要介绍如何制作立体感相册。通过转场实现图片切换的动画效果，然后使用蒙版，使相册具有立体感，最后结合画面特效来增强相册的表现力。

15.1▶ 添加转场动画

首先打开剪映 App，点击"开始创作"按钮。在出现的界面中点击"照片"，切换到图片选择界面。然后点击图片右上方的小圆圈以选中素材，点击界面右下角的"添加"按钮，如图 15-1 所示。

图15-1

素材被导入剪辑区域的轨道上后，我们可以看到素材之间有一个白色的方块。点击两个素材之间的方块来设置转场效果，如图 15-2 所示。

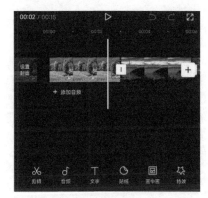

图15-2

在出现的转场动画选择界面中，我们点击"幻灯片"，在其中滑动查找需要的转场效果。我们使用"风车"这个转场效果，转场时长设置为默认时长即可。因为后面都使用这个转场效果，我们可以点击界面左下角的"全局应用"图标，将这个转场效果应用到所有的转场中。最后点击界面右下角的"√"图标，如图 15-3 所示。

图15-3

此时我们可以看到每个素材之间都有一个代表转场动画的标志。然后我们将制作好的素材导出，点击右上角的"导出"按钮来实现，如图15-4所示。

图15-4

等待一段时间后，剪映App就会完成素材的导出，完成界面如图15-5所示。

图15-5

点击界面下方的"完成"按钮，就可以退回剪映App的主界面。

15.2 设置相册播放效果

在返回的主界面中点击"开始创作"按钮，然后在出现的界面中点击"视频"，选中刚才导出的素材，点击右下角的"添加"按钮，如图15-6所示。

素材导入完成后，我们为相册添加一个背景。点击轨道右侧的"+"按钮，如图15-7所示。

图15-6

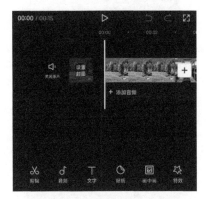

图15-7

在出现的素材选择界面中点击"素材库",在素材库中选中"背景"这个分类,在里面选择一个我们喜欢的背景。然后点击右下角的"添加"按钮,如图 15-8 所示。

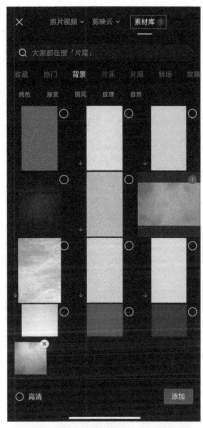

图15-8

背景添加完成后,选中素材,然后点击界面下方的"切画中画"图标,将素材添加到画中画轨道,如图 15-9 所示。

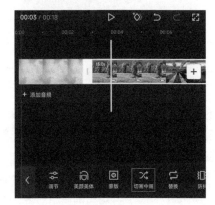

图15-9

切换轨道完成后，拖动素材轨道，使它对齐剪辑开头位置，如图 15-10 所示。

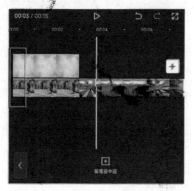

图 15-10

由于添加的背景时长较短，因此需要调整背景的时长。点击背景素材，拖动背景素材右侧边框，使它和主素材轨道素材长度对齐，如图 15-11 所示。

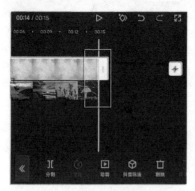

图 15-11

选中第二个素材轨道上的素材，然后在预览窗口中双指缩放和旋转画面，使它缩小并倾斜大约 15°，如图 15-12 所示。

然后我们将素材复制一份，方便后续添加阴影。选中素材，点击界面下方的"复制"图标，如图 15-13 所示。

最后将复制的视频拖动到当前素材的下一个素材轨道，并和当前素材对齐，如图 15-14 所示。

图 15-12

图 15-13

图 15-14

15.3▶ 添加阴影和背景

选中第二个素材轨道上的素材，然后点击界面下方的"替换"图标，如图 15-15 所示。

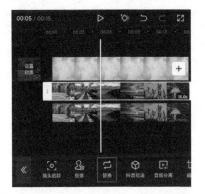

图15-15

在出现的界面中，点击"素材库"，在"热门"分类里选择第一个黑色背景，如图 15-16 所示。

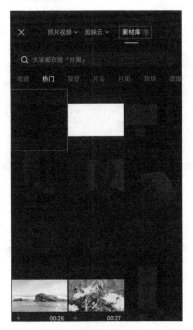

图15-16

在预览窗口中通过双指旋转和缩放来调整黑色背景的大小和方向，使它和画中画大小一样。如果黑色背景的比例不太合适，我们可以通过"编辑"里的"裁剪"功能来调整黑色背景的比例，如图 15-17 所示。

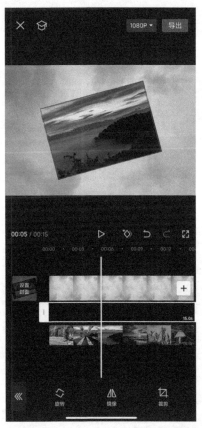

图15-17

选中黑色背景素材，点击界面下方的"蒙版"图标，如图 15-18 所示。

选中"矩形"蒙版，将其调整为和画中画一样的大小和方向，完成后点击界面右下角"√"图标，如图 15-19 所示。

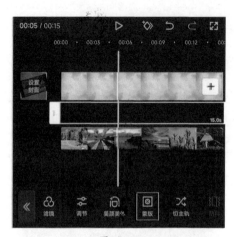

图15-18

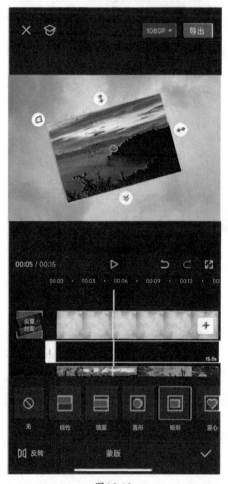

图15-19

将黑色背景素材移动，使它的右侧和下侧露出，形成阴影的效果，如图 15-20 所示。

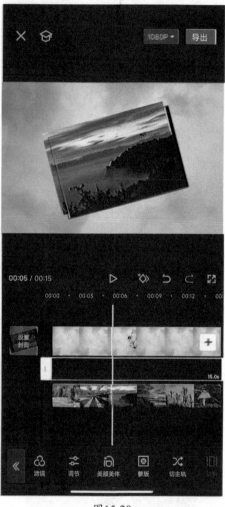

图15-20

点击"蒙版"图标，拉动羽化图标，调整羽化效果。使黑色背景和画面的边界变得不明显，完成后点击右下角"√"图标，如图 15-21 所示。

选择第三个素材轨道的素材，点击界面下方的"动画"图标，为素材添加入场动画，如图 15-22 所示。

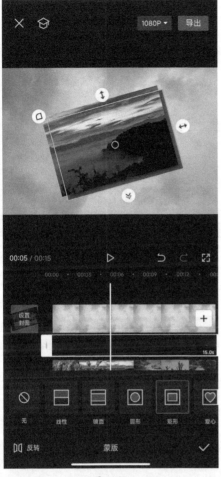

图15-21

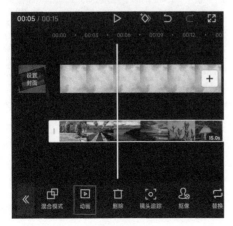

图15-22

在出现的动画选择界面中为素材选择
"缩小"的动画效果,时长保持默认即
可。点击界面右下角的"√"图标,如图
15-23 所示。

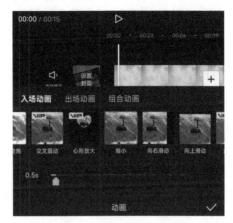

图15-23

最后点击轨道空白处,不选中任何素
材。然后点击界面下方的"特效"图标,
为素材添加特效,如图 15-24 所示。

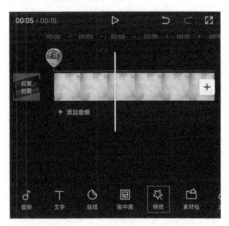

图15-24

在出现的特效选择界面中,点击"画
面特效"图标,如图 15-25 所示。

在出现的特效选择界面中选择我们喜
欢的特效,完成后点击"√"图标即可,
如图 15-26 所示。

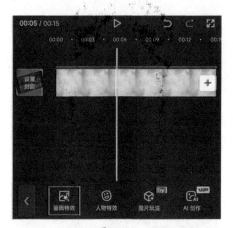

图15-25

图15-26

由于插入的特效时长很短，如图 15-27 所示。

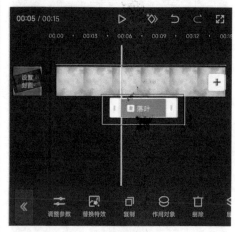

图15-27

我们需要调整特效的时长和素材时长相同。选中特效，然后拖动特效左、右边框，使它的时长和素材的一样，如图 15-28 所示。

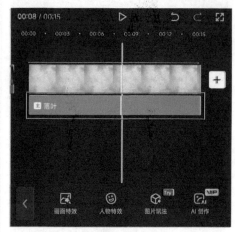

图15-28

至此，立体感相册的制作就完成了。